航天器飞行防碰预警技术

张荣之　杨开忠　著

国防工业出版社
·北京·

内 容 简 介

本书立足航天器飞行防碰撞预警的工程和技术需求，主要论述了高精度轨道预报需求下时空和空间环境模型及其因素影响，讨论面向不同预警阶段最佳效费比的定轨模型和方法，构建了预警与规避策略基本模型。全书围绕建立一个不漏警、虚警率低、置信度高且工程化可实施的预警体系，详细阐述了探测数据获取、轨道计算与预报、空间目标飞行环境预测和探测资源统筹等技术和理论，具有较强的工程和学术参考价值。

本书可为从事航天相关工作的工程技术人员提供技术指导和参考，也可作为航天器飞行设计和管理相关专业院校研究生培养的教材。

图书在版编目（CIP）数据

航天器飞行防碰预警技术/张荣之，杨开忠著．—北京：国防工业出版社，2017.10
ISBN 978-7-118-11345-7

Ⅰ.①航… Ⅱ.①张… ②杨… Ⅲ.①航天器—避碰
Ⅳ.①V448.2

中国版本图书馆CIP数据核字(2017)第234854号

※

国防工业出版社出版发行
（北京市海淀区紫竹院南路23号　邮政编码100048）
北京嘉恒彩色印刷有限责任公司
新华书店经售

*

开本 710×1000　1/16　**印张** 11½　**字数** 206千字
2017年10月第1版第1次印刷　**印数** 1—2500册　**定价** 58.00元

（本书如有印装错误，我社负责调换）

国防书店：(010)88540777　发行邮购：(010)88540776
发行传真：(010)88540755　发行业务：(010)88540717

序

航天器飞行防碰撞预警技术是指预测绕地球飞行的航天器在轨飞行过程中与其他空间飞行目标发生碰撞风险的预警技术。1957年第一颗人造卫星上天,揭开了人类探索太空的序幕,几十年来,卫星正广泛应用于通信、导航、资源普查等领域,并已融入到人类日常生活的诸多方面。随着人类应用和开发空间步伐的加速,不但空间在用航天器在增加,而且各种空间碎片也在急剧增加,这样,空间目标相互碰撞的风险也在加大。因此,为确保在轨航天器的安全,航天器飞行防碰撞预警也就成为国际航天界必须要研究的重要问题。

航天器飞行防碰撞预警,实际上就是精确计算在用航天器在未来与成千上万空间目标的接近距离。因此,航天器防碰撞预警技术本质上属于精密轨道确定问题,但它与常规航天器精密轨道计算问题又不完全相同。它一方面涉及合作方式下,各种飞行状态明确甚至自带高精度导航和空间环境探测仪的在用航天器测轨;另一方面涉及数以万计用非合作方式测量的空间目标测轨。两类飞行目标在轨飞行轨道动力学建模条件不同、测轨数据不同,预测的轨道精度差距也较大。这些差异使我们要得到工程化可实施的航天器飞行防碰撞预警准确结果非常困难。

本书围绕建立一个不漏警、虚警率低、置信度高且工程化可实施的预警体系,涉及探测数据获取、轨道计算与预报、空间目标飞行环境预测和探测资源统筹等技术和理论开展讨论,讨论的问题具有明确的工程背景,方法和算法直接来源于作者及其团队多年的工程实践,具有较强的理论参考和工程应用价值,对空间目标探测、空间环境预测和轨道动力学的研究和发展具有一定的理论和学术价值。

李济生

2017年3月20日

前　言

2015 年 6 月 22 日至 24 日，在美国华盛顿举行了第七轮中美战略与经济对话，双方就重大双边、地区和全球性问题深入交换意见，并达成了 8 章共 127 条一致性成果。其中，第 102 条标题为卫星碰撞规避，文中明确重申在轨碰撞规避符合双方和平探索利用外层空间的共同利益。中美双方认为，安全解决在轨危险接近需要进一步磋商，以在双方现有合作基础上确保问题及时得到解决，减小意外碰撞的概率。中美双方还决定，作为中美民用航天合作对话的一部分，继续开展双边政府间关于卫星碰撞规避以及外层空间活动长期可持续性的磋商。卫星碰撞规避能作为两个大国空间安全合作的重要内容，可见在浩渺太空中，卫星飞行的安全形势已足够严峻，它最主要的根源是日益增多的空间目标。

空间目标主要是指在用航天器（包括正在工作的卫星、空间站等）和空间碎片（包括火箭残骸、报废的航天器、火箭和航天器解体后的碎片等）两类长期滞留太空的人造有用物体和无用垃圾。据测算，目前滞留太空尺寸在厘米级以上的空间目标已在数十万量级。它们的存在，严重影响了在用航天器的飞行安全，并造成在用航天器运行环境不断恶化。

西安卫星测控中心在 20 年前，就在李济生院士的主导下，陆续开展了空间目标精密轨道测定与预报工作。后来，基于载人航天确保万无一失的需求考虑，成立了航天器防碰预警团队，就此拉开了我国碰撞预警研究工作的序幕。本书也是该团队多年工作和实践的理论结晶。

全书共分为 6 章。第 1 章介绍航天器飞行防碰撞预警的必要性和基本原理；第 2 章简要介绍与航天器碰撞预警计算精度匹配的时间、坐标和轨道动力学基本模型；第 3 章主要介绍用非合作方式探测空间目标的主要测量手段、测量模型建立及航天器碰撞预警对探测网布设的需求；第 4 章主要介绍影响航天器碰撞预警可信度的主要瓶颈问题，即低轨空间目标轨道预报中大气模型的建立与误差削弱技术；第 5 章主要介绍航天器碰撞预警不同阶段使用的各种优化轨道计算方法；第 6 章主要介绍预警的方法、步骤及主要规避策略。

特别要感谢李济生院士在本书编写过程中给予的大量宝贵指导和建设性

意见，特别感谢航天器防碰预警团队全体同事多年来对该项事业的付出。赵治、王秀红、高彦平、杨洋、崔文、苗春林、胡文华、冯定华、张玄等为本书提供了大量详实算例和素材，徐蓉、王向东、孙志兵、李永华等做了大量的校对工作，在此对他们表示衷心的感谢！

希望本书的出版能够为航天器精密轨道确定、空间目标跟踪测量、空间环境监测及空间管理规划技术的发展提供一些有价值的学术参考。由于水平所限，在书中难免有不妥和学术争鸣之处，恳请读者批评指正。

作者

2016年12月于西安

目　录

第 1 章　航天器防碰预警概述 …… 1

1.1　空间目标的分布与特性 …… 1

1.2　空间碎片的特性与危害 …… 4

1.3　航天器碰撞预警 …… 6

第 2 章　航天器防碰预警轨道计算基础 …… 10

2.1　天文学基本定义与转换 …… 10

2.1.1　天文学基本概念 …… 10

2.1.2　时间系统及主要转换公式 …… 13

2.1.3　坐标系统及主要转换公式 …… 16

2.2　空间目标轨道基本定义与转换 …… 19

2.2.1　空间目标二体运动 …… 20

2.2.2　二体问题的积分 …… 20

2.2.3　空间目标轨道根数的基本转换 …… 23

2.2.4　空间目标轨道摄动力 …… 27

第 3 章　空间目标探测技术 …… 31

3.1　概述 …… 31

3.1.1　地基探测 …… 31

3.1.2　天基探测 …… 32

3.2　雷达测量技术 …… 33

3.2.1　雷达测量元素 …… 33

3.2.2　雷达测量数据建模 …… 35

3.2.3　典型空间目标监视雷达 …… 39

3.3　光电探测技术 …… 42

3.3.1　光电测量基本原理 …… 42

3.3.2　光电望远镜测量元素 …… 44

3.3.3　光电望远镜测量数据建模 …… 45

3.3.4　望远镜的测量误差及补偿技术 …… 48

3.4 测量数据公共修正模型 …… 56
3.4.1 各测量元素对空间目标位置偏导数 …… 56
3.4.2 对流层折射误差修正 …… 56
3.4.3 电离层折射误差修正 …… 58
3.4.4 广义相对论效应误差修正 …… 60
3.4.5 垂线偏差修正 …… 60
3.5 探测网与轨道精度关系 …… 61
第4章 空间环境与空间目标轨道 …… 63
4.1 大气对空间目标轨道的影响 …… 63
4.2 大气密度模型 …… 65
4.2.1 大气密度建模原理 …… 66
4.2.2 现有大气密度模型介绍 …… 68
4.3 大气密度模型的系统差和偶然差 …… 93
4.4 影响大气密度的空间环境参数预报置信度 …… 96
4.4.1 $F_{10.7}$预报置信度分析 …… 96
4.4.2 Ap 预报置信度分析 …… 97
4.4.3 环境参数预报对轨道预报误差的影响 …… 97
4.5 航天器碰撞预警计算中大气摄动计算策略 …… 100
4.5.1 解算大气阻力系数吸收系统误差 …… 100
4.5.2 地磁活动正常状态下大气阻力系数应用与定轨预报影响因素分析 …… 102
4.5.3 地磁活动异常下大气阻力系数应用与定轨预报影响因素分析 …… 105
第5章 航天器防碰预警轨道计算方法 …… 109
5.1 精密轨道计算方法 …… 109
5.1.1 轨道参数最优估计方法 …… 109
5.1.2 数值积分方法 …… 111
5.1.3 数值法精密轨道计算 …… 113
5.2 编目轨道计算方法 …… 115
5.2.1 简易数值计算方法(简化动力学模型) …… 115
5.2.2 两行根数编目轨道计算方法 …… 116
5.2.3 平均根数法编目轨道计算方法 …… 126
5.2.4 精度分析 …… 130

第 6 章　航天器防碰预警与规避策略 …… 138
6. 1　碰撞预警计算方法 …… 139
6. 1. 1　危险目标筛选 …… 139
6. 1. 2　最小距离计算方法 …… 143
6. 1. 3　碰撞概率计算方法 …… 147
6. 2　航天器规避的基本方法 …… 154
6. 2. 1　高度规避方法 …… 154
6. 2. 2　时间规避方法 …… 157
6. 3　航天器飞行安全碰撞预警策略及示例 …… 157
6. 3. 1　危险目标筛选阶段 …… 158
6. 3. 2　日常预警分析阶段 …… 163
6. 3. 3　精预警阶段 …… 164
6. 3. 4　规避控制阶段 …… 166
结束语 …… 167
参考文献 …… 168

第1章　航天器防碰预警概述

1.1　空间目标的分布与特性

据统计分析，从1957年人类第一次发射卫星进入太空以来，空间目标总数量已达千万，总质量已达万吨。截至2016年2月24日，地面能观测到面积达到或超过亚平方分米的空间目标总数为17552个（NASA公开两行根数（TLE）数据，不含美国及其盟国秘密卫星）。在空间目标中，面积小于亚平方分米的空间目标基本为空间碎片，在面积大于亚平方分米的目标中，形态基本完整且可能在用的航天器总数不超过2000个，其他近15000余个也均为空间碎片，即空间垃圾。可见，空间碎片在空间目标的数量中占绝对多数。图1.1所示为1957年至今，地面设备探测的空间目标数量逐年递增过程。通过图1.1可以发现，空间目标特别是空间碎片的递增速度惊人，尤其是在2009年2月11日美俄卫星相撞事件等重大空间碰撞事件发生后，碎片数量都会有一个急剧增加的过程。

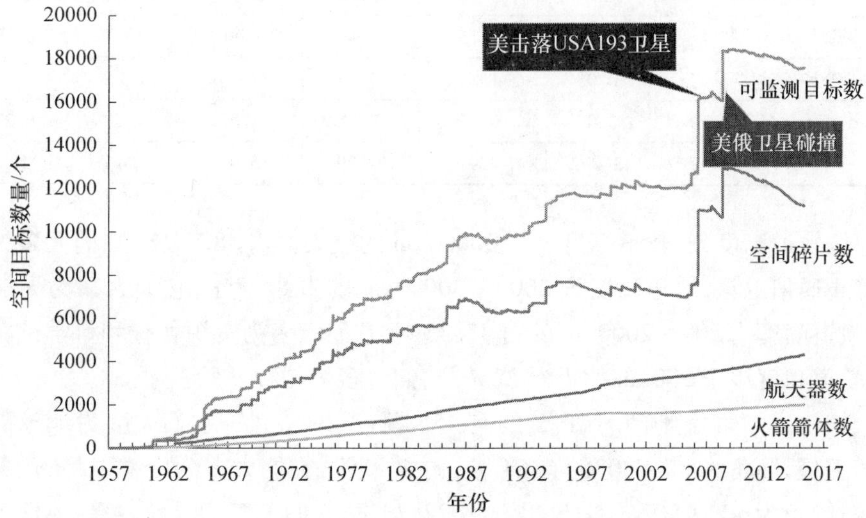

图1.1　空间可监测目标增长

空间目标中,在用航天器虽然在数量上不是空间目标的主体,但它们在人们的生活中,特别是在当今信息社会中发挥了越来越重要的作用。它们按照人们不同的应用,被配置在不同的轨道空间。图 1.2 为航天器在地球周边空间的分布。从整体来看,赤道 36000km 上空和 2000km 以下近地空间是航天器运行的主要区域。

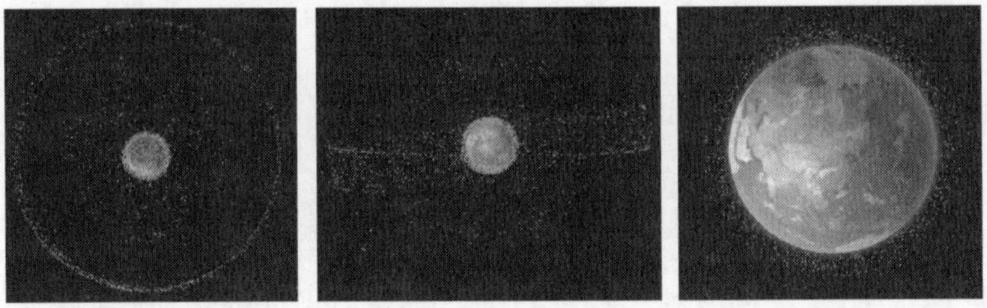

(a) (b) (c)

图 1.2 不同视角下航天器(包括废弃卫星)空间分布
(a)北极方向看地球;(b)赤道方向看地球;(c)地球附近看地球。

表 1.1 为目前资料可查在用的 1303 个航天器在不同轨道高度和倾角上的分布统计。

表 1.1 在用航天器在不同轨道空间分布 单位:%

倾角 $i/(°)$ 近地点高度 H_P/km	$i<5$	$5\leqslant i<40$	$40\leqslant i<80$	$80\leqslant i<120$	$120\leqslant i$	合计
$H_P\geqslant30000$	33.69	3.38	0.69	0.31	0.08	38.15
$2000\leqslant H_P<30000$	1.07	0.15	7.06	0.00	0.00	8.28
$500\leqslant H_P<2000$	0.08	1.23	11.74	33.15	1.15	47.35
$H_P<500$	0.08	0.15	3.30	2.46	0.23	6.22
合计	34.92	4.91	22.79	35.92	1.46	100

按轨道高度分:轨道高度大于 30000km 的航天器占 38.15%,它们大多为地球静止通信卫星;轨道高度为 2000 ~ 30000km 的占 8.28%,它们大多为导航卫星;轨道高度为 500 ~ 2000km 的占 47.35%,它们大多为资源普查和科学试验卫星;轨道高度小于 500km 的占 6.22%,它们大多为特种试验卫星。

按轨道倾角分:倾角小于 5°的有 455 颗,占 34.92%,它们大多为地球静止轨道卫星;倾角为 5° ~ 40°的有 64 颗,占 4.91%,它们大多为中继卫星、任务卫星等;倾角为 40° ~ 80°的有 297 颗,占 22.79%,它们大多为导航卫星、通信卫星等;倾角为 80° ~ 120°的有 468 颗,占 35.92%,它们大多为成像卫星、侦察卫星、资源卫星等。可以看出,轨道高度为 36000km 且倾角在 0°附近的地球静止卫星、轨道高度 20000km 且倾角 40° ~80°的导航卫星和轨道高度 500 ~2000km 且倾角在 90°附近的太阳同步卫星所运行的轨道空间是人们开展空间应用活动的主要区域。

在人们开展航天活动的同时,会不断产生大量的空间垃圾。截至 2016 年,人们监测并能稳定编目的碎片数量约为 15729 个,在不同轨道分布见表 1.2。由表 1.2 可以看出,这些碎片主要分布在 2000km 轨道高度以下的地球外空间。空间碎片主要轨道区域分布见表 1.3,由表 1.3 可以看出,相对其他区域而言,轨道高度为 300 ~2000km 的低轨道区域,空间碎片容积率超过 0.01 个/100km^3,明显高于中高轨区域。特别是在 600 ~900km 轨道高度的南北极区域,空间碎片容积率已超过 0.7 个/100km^3,而该区域又是人们应用在轨卫星最密集的空间区域。因此,该区域是空间碎片与航天器发生碰撞的最大威胁区域,在该区域开展碰撞预警紧迫性更强。

表 1.2　空间碎片在不同轨道空间分布　　单位:%

近地点高度 H_P/km \ 倾角 i/(°)	$i<5$	$5\leqslant i<40$	$40\leqslant i<80$	$80\leqslant i<120$	$120\leqslant i$	合计
$H_P\geqslant 30000$	0.19	1.75	0.03	0.01	0.00	1.98
$2000\leqslant H_P<30000$	1.09	7.40	6.71	0.62	0.09	15.91
$500\leqslant H_P<2000$	0.02	1.26	21.98	53.65	0.13	77.04
$H_P<500$	4.18	0.03	0.24	0.62	0.00	5.07
合计	5.48	10.44	28.96	54.90	0.22	100

表 1.3　空间碎片主要轨道区域分布

轨道高度/km	全区域		特定区域	
	通过目标数/个	空间碎片容积率/(个/100km^3)	通过目标数/个	空间碎片容积率/(个/100km^3)
200 ~300	363	0.00658	15	0.00451
300 ~400	764	0.01333	78	0.02274
400 ~500	1327	0.02248	375	0.10613
500 ~600	2628	0.04319	1265	0.34777
600 ~700	4447	0.07121	2763	0.73812
700 ~800	6552	0.10202	4614	1.19827
800 ~900	7305	0.11076	5185	1.30956

(续)

轨道高度/km	全区域		特定区域	
	通过目标数/个	空间碎片容积率/(个/100km^3)	通过目标数/个	空间碎片容积率/(个/100km^3)
900~1000	5906	0.08724	3586	0.88115
1000~1100	4450	0.06388	2250	0.53809
1100~1200	3566	0.04988	1390	0.32364
1200~1300	3190	0.04354	1085	0.24605
1300~1400	3112	0.04119	994	0.21962
1400~1500	3791	0.04907	1646	0.35444
18000~22000	1967	0.00005	61	0.00003
35000~37000	2067	0.00005	2066	0.00291

注:35000~37000km 轨道高度的特定区域选取纬度在±5°以内的部分,其他轨道高度的特定区域选取高纬度部分(纬度大于70°或小于-70°)。

1.2 空间碎片的特性与危害

2009年2月11日0时55分(北京时间),美国铱星33卫星和俄罗斯宇宙2251卫星在西伯利亚上空约790km处发生碰撞。这是人类历史上首次发生两个形态完整的卫星相撞事故,经确认,此次碰撞产生的可探测的碎片超过1200个。图1.3为本次碰撞产生碎片在空间的轨道高度分布,碎片中绝大部分将在太空长期滞留。

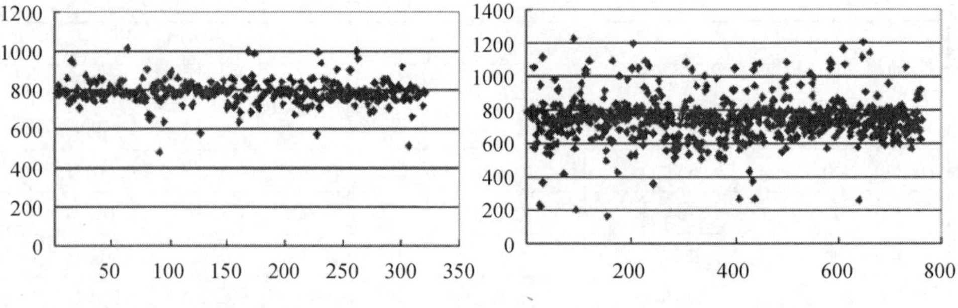

图1.3 2009年美俄卫星碰撞产生碎片在空间的分布
(a)铱星33碎片轨道高度分布;(b)宇宙2251碎片轨道高度分布。

事实上,在此之前还发生过被观测证实的碎片撞击航天器而造成巨大损失的事件有5次(表1.4)。1991年12月,俄罗斯的一颗失效导航卫星"宇宙"

1934 与一颗同系列航天器“宇宙”926 的碎片发生碰撞；1996 年 7 月 24 日，法国一年前发射的电子侦察卫星 CERIES 与 1986 年发射的“阿里安”火箭残骸相撞，残骸虽未撞击到卫星主体部分，但卫星伸出的重力梯度稳定杆被撞断，卫星姿态一度失控。这些都是有观测确认验证的事件。

此外，正常运行的航天器或火箭箭体突然失效或解体的事件屡见不鲜。由于人们的观测能力和精度水平所限，虽还不能确认都是碎片撞击所致，但目前我们还无法探测到的小碎片撞击可能是主要原因之一。据事后推演判断，发生在空间的卫星或火箭箭体遭受碰撞的事件还有数起。1997 年，废弃的 NOAA 7 卫星与未知空间碎片发生碰撞；2002 年，废弃的“宇宙”539 卫星与未知空间碎片发生碰撞；2007 年，在轨工作的气象卫星 - 8 卫星、废弃的 NASA UARS 卫星先后与未知空间碎片发生碰撞。每次撞击事件发生，不仅直接毁伤了被撞击的航天器，其产生的大量碎片长期滞留太空，导致了太空环境的进一步恶化。由图 1. 1 可见，在 1957 年至今的碎片递增图中，每次碰撞都使碎片递增曲线攀上一个新的台阶，这又增加了其他航天器被碰撞的概率。随着碰撞事件的增多，将可能形成一个恶性循环，最终导致航天器无法长期安全运行。根据某相关机构空间碎片演化模型，按照目前空间碎片的规模和增长趋势，若不加以控制，200 年后太空的“拥挤”程度导致人类无法再正常利用太空。

表 1. 4　历史上经观测证实的航天器碰撞事件

序号	时间	碰撞地点	空间目标 1	空间目标 2
1	1991 年 12 月	西伯利亚上空	俄罗斯 Cosmos - 1934 卫星	俄罗斯 Cosmos - 926 卫星
2	1996 年 7 月 24 日	不详	法国 Cerise 卫星	欧洲航天局 Ariane 火箭碎片
3	2005 年 1 月 17 日	南极上空 885km 高度	美国 ThorBurner 2A 火箭	我国 CZ - 4 运载 火箭末级碎片
4	2009 年 2 月 10 日	西伯利亚 上空 790km 高度	美国 Iridium - 33 卫星	俄罗斯 Cosmos - 2251 卫星
5	2013 年 5 月 24 日	印度洋上空	厄瓜多尔 “飞马座”卫星	苏联火箭燃料箱

空间碎片对航天器碰撞的巨大破坏力主要来自相对速度。能保持轨道运行能力而不陨落，无论是碎片还是航天器自身的运行速度都接近 10km/s 量级。由于撞击时的飞行方向差异，它们的平均撞击相对速度一般在 10km/s 以上。即使按照 10km/s 的速度计算，其撞击时产生的动能也十分巨大。按照动能等

于质量乘速度平方的公式换算,10g 的空间碎片撞击航天器产生的动能相当于高速公路上小轿车以 100km/h 的速度撞击产生的动能,可以想象其后果将是灾难性的。按照地面仿真试验和目前航天材料的制造水平,国际上形成共识:直径 1cm 以下的空间碎片,数量众多,目前无法监测,航天器靠航天材料的进步来加强防护,尽量减小该类空间碎片对航天器的损害;直径 1 ~ 10cm 的空间碎片,数量在 10 万量级,国际社会有望在未来 20 ~ 30 年实现对该类碎片的完备监测,靠航天器自身的防护和监测规避相结合是未来可能实现的技术途径;对于直径 10cm 以上空间碎片,数量在 1 万 ~ 2 万个,目前国际上已基本可以实现对其进行监测,并在监测的基础上开展防碰预警和规避。当然对接近 10cm 的临界目标的监测还不是很完备,全球测量资源也无法做到这些目标都能实现精确定轨,但目前依靠全球地面网监测完成 10cm 以上空间碎片对在轨航天器的碰撞预报,控制在轨航天器规避碰撞风险是一条可行且已在实践的技术途径。尽管这个技术解决方案可能使目前全球监测资源显得相当匮乏,使轨道计算精确预报的能力显得相对不足,但在国际社会的共同努力下,解决方案正日趋成熟。

1.3 航天器碰撞预警

规避空间碎片几乎成为具备能力的航天国家为保证各自航天器和空间站安全需开展的“常规动作”。国际空间站近年来多次调整飞行轨道和高度,最频繁时在 3 周内两次调整轨道,躲避空间碎片。据统计,2008 年至 2014 年国际空间站因为空间目标碰撞威胁共进行了 14 次规避(表 1.5),其中 2008 年 1 次、2009 年 2 次、2010 年 1 次、2011 年 3 次、2012 年 3 次、2014 年 4 次。从 2008 年的 1 次到 2014 年的 4 次,规避频次的逐年增加也在一定程度上反映了航天器运行环境的恶化。

表 1.5 国际空间站近年来碰撞规避控制统计

规避时间	规避物体	采取的措施
2008 - 08 - 27	俄罗斯“宇宙” - 2421 卫星碎片	碰撞规避机动
2009 - 03 - 22	我国运载火箭上面级	碰撞规避机动
2009 - 07 - 18	俄罗斯运载火箭上面级	碰撞规避机动
2010 - 10 - 26	美国 UARS 卫星碎片	碰撞规避机动
2011 - 04 - 02	俄罗斯“宇宙” - 2251 卫星碎片	碰撞规避机动
2011 - 06 - 28	“质子”火箭解体碎片	宇航员进入联盟飞船躲避
2011 - 09 - 29	俄罗斯 Tsyklon 火箭体碎片	碰撞规避机动

（续）

规避时间	规避物体	采取的措施
2012－01－13	铱－33 卫星碎片	碰撞规避机动
2012－01－28	“风云”－1C 卫星碎片	碰撞规避机动
2012－03－24	俄罗斯“宇宙”2251 卫星碎片	宇航员进入联盟飞船躲避
2014－03－16	俄罗斯“流星”2－5 卫星碎片	碰撞规避机动
2014－04－03	欧洲航天局 Ariane 火箭箭体	碰撞规避机动
2014－10－27	俄罗斯“宇宙”2251 卫星碎片	碰撞规避机动
2014－11－12	我国遥感 12 卫星碎片和 欧洲航天局 ATV－5 货运飞船	碰撞规避机动

即便如此，受观测资源和轨道动力学预测模型精度的限制，目前碰撞预警的可信度还不是太高。随着空间碎片的持续增长，航天器的在轨飞行受到碰撞威胁的风险越来越大。仅 2015 年 10 月 1 日至 10 日，美国通报中国在轨近地卫星碰撞预警事件就有 21 次（表 1.6），而这些信息经事后确认均为虚警。若航天器按照这些预警信息进行规避，必将消耗大量的航天器携带的有限能源，从而大大降低航天器可用寿命，而且频繁的规避会使航天器无法开展正常的应用，使航天器的使用效益大打折扣。因此，降低虚警、提高预警的可信度，是航天器碰撞预警及规避可工程化实施的重要前提。

表 1.6　美国通报中国在轨近地卫星碰撞预警事件
（2015 年 10 月 1 日 0 时至 10 月 10 日 0 时）

序号	中国卫星（NORAD 编号）	空间目标（NORAD 编号）	交会时间（北京时）	最小距离/m	R 方向/m	T 方向/m	N 方向/m
1	37167	30694	10－01 06:57:54	703	－127	339	603
2	38038	30954	10－02 00:28:04	652	－189	－181	598
3	37931	30721	10－03 16:07:10	221	－9	－211	－67
4	36415	29928	10－04 00:26:10	627	－25	223	－586
5	28890	35076	10－04 10:08:46	486	133	456	105
6	31490	35336	10－04 17:36:32	927	－77	－813	440
7	39455	29875	10－04 19:01:04	189	－190	－4	－5
8	39209	1722	10－05 07:19:04	615	86	－498	－351
9	39358	40467	10－05 19:56:12	157	－104	23	117
10	40701	15592	10－06 02:29:22	380	－97	－12	－368
11	40701	15592	10－06 02:29:23	354	－88	－8	－343

（续）

序号	中国卫星（NORAD 编号）	空间目标（NORAD 编号）	交会时间（北京时）	最小距离/m	R 方向/m	T 方向/m	N 方向/m
12	29506	33409	10－06 10:21:29	758	58	752	－79
13	28737	30192	10－06 14:16:14	849	－145	323	－773
14	40701	15592	10－08 14:17:50	903	－108	11	－897
15	40701	15592	10－08 14:17:51	948	－116	8	－941
16	27431	82030	10－08 22:57:53	115	82	－3	82
17	37930	9986	10－09 05:09:14	540	190	－133	－488
18	33433	39888	10－09 11:42:27	669	162	58	－648
19	27431	39603	10－09 14:21:40	630	165	1	609
20	38861	21423	10－09 20:40:47	308	34	4	－307
21	38861	15495	10－09 23:49:13	391	－97	344	160

航天器飞行防碰撞预警虚警率高的直接原因是预测航天器及其危险空间目标的轨道位置不够精确。设想一下，如果两者的24h轨道空间位置预测精度能优于米级，那么对于一个米级尺寸的航天器24h碰撞预警就可达到100%的可信度。但是，目前的现状是，具有合作式测量的航天器准实时定轨可达米级甚至厘米级，而依赖非合作设备测量的危险空间目标准实时定轨极限精度仅能达到10m量级。但有意义的航天器防碰预警一般需至少提前24h发出警报。因此，需要在准实时定轨完成后，再经过轨道动力学外推预报24h的轨道位置，进行碰撞预警计算。考虑到轨道动力学模型精度，特别是大气密度模型误差的影响，即使准实时定轨无误差，24h预报的轨道位置精度，也很难优于百米量级。在两个100m直径的误差大球内，两个米级甚至更小物体的碰撞概率之低是可想而知的。而受全球空间目标探测资源的限制，国际上现有的空间目标编目体系仅能维持全部空间目标的准实时定轨精度千米量级、24h外推预报的轨道位置精度10km量级的水平。这就使仅基于普通空间目标编目轨道体系的碰撞预警基本无可信度而言。

考虑到目前面临的现状，我们在碰撞预警策略中定义了无色预警和有色预警两类碰撞预警。无色预警是在正常空间目标监测无特殊精度要求的编目体系基础上，不增加任何额外的跟踪测量及在编目体系精度下开展的碰撞预警。它既可依靠设备测量信息，也可不用设备，仅依靠互联网公布的公开双行根数（TLE）进行相应的碰撞预警工作。该类碰撞预警虚警率过高，基本无置信度可言，不能作为航天器规避的依据，但可用于筛选危险事件、挑选危险目标、指导探测资源有目的地开展针对性重点观测。无色预警可通俗理解为在正常编目体系下不用额外增加观测成本的预警,有色预警则是在无色预警挑选出危险目标基础上开展的。由于需指导规避,有色预警实时性强,对空间目标轨道预报精度要求高,因此必须对危险目标进行密集观测。按阶段与轨道精度要求,有色预警通常又分为黄色预警和红色预警。红色预警是航天器开展规避工作的前提,黄色预警是红色预警的基础。两种预警的结合使用,对进一步减低排除虚警、使探测资源进一步聚焦危险目标、提高红色预警置信度是必不可少的。在有色预警阶段,特别是在红色预警阶段,必须有全天时、全天候稳定的探测设备支撑以保证获取数据的稳定性,必须用精密定轨体系进行定轨和预报计算以确保碰撞预警危险交会点相对位置的高可信度。

不漏警、虚警率低、置信度高的航天器碰撞预警体系建立,既要基于庞大的空间目标探测测量网,又要依靠精确的空间目标轨道确定和预报技术,还需要合理的探测与计算资源调度策略,更需要联合高效联动的管理指挥决策系统。依靠空间目标编目定轨体系持续排查出数量众多的可能存在碰撞风险的无色预警信息,在空间监视能力范围内确保不漏警;依靠合理的资源调度策略重点观测,筛选出在合理范围内仍存在碰撞风险的黄色预警信息,排除绝大多数虚警;依靠精密定轨预报体系,识别出重要危险红色事件,尽量减少虚警,最终指导航天器开展碰撞规避控制工作。这就是整个碰撞预警工作的主线。

在这些工作中,涉及空间目标轨道计算的基础技术、探测数据的获取技术、精密轨道计算与预报理论、空间目标飞行的空间环境、统筹学等一系列技术理论和工程实践问题,在本书后续各章中将陆续介绍上述基础、理论及模型方法。希望通过本书的介绍能帮助读者对航天器飞行防碰预警技术有全面、客观和深入的了解。

第 2 章　航天器防碰预警轨道计算基础

航天器防碰预警,本质上是通过合作式测轨预报获得的航天器位置,与通过非合作测轨预报获得的空间目标位置,两者位置之间动态接近程度的预警。由于两个高动态运动目标的测量手段不同,测量信息的来源甚至可能来自国际合作中不同的国家,因此,采用统一的时空基准框架尤为重要。此外,空间目标精密轨道计算必须在空间惯性系中进行,而空间目标测量通常是基于地球固定坐标系中各固定测站获得。这些必然涉及天球和地球各种坐标的转换。本章给出了这些时间和坐标系统的定义及各系统之间的转换关系,并对轨道动力学基本知识进行简要介绍。

2.1　天文学基本定义与转换

2.1.1　天文学基本概念

天文学基本概念是讨论天球空间惯性坐标系的基础。以图 2.1 作为天球的参考椭球示意。

图 2.1 给出了参考椭球地平面、子午面、赤道、黄道、春分点、时角的图示,具体相关定义如下。

参考椭球:通常确定一个旋转椭球作为地球的近似。该旋转椭球称为参考椭球。参考椭球的中心 O 与地球质心重合,椭球旋转轴指向国际协议原点 P。

地平面:以参考椭球面上任意一点 A 为切点,其切平面 $A-a_1\cdots a_n$ 称为该点的地平面。

子午面:通过地面上的任意一点 A 和地球南北极的平面 PA 面称为子午面。

赤道:通过地球质心与地球自转轴相垂直的平面称为赤道面,赤道面与地球表面的交线称为赤道。

黄道:以地球上某点观测视角来看,太阳绕地球作圆周运动。太阳视圆面的中心在恒星间周年视运动的轨迹称为黄道。

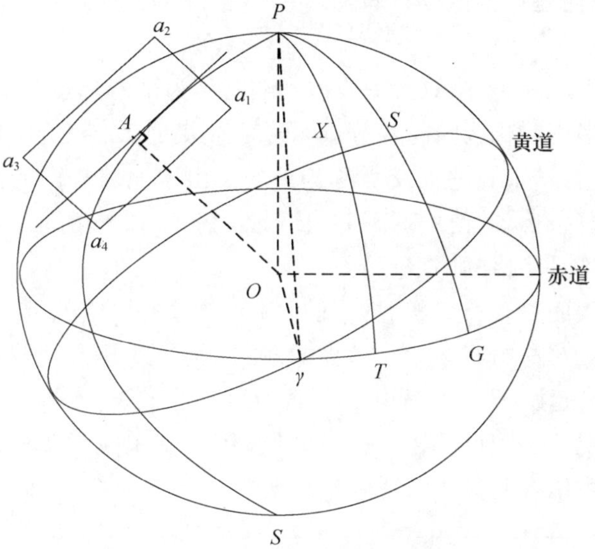

图 2.1　空间框架和基本平面

春分点:黄道与赤道相交于两点,当太阳由赤道面之南向北运行穿越赤道面时的交点 γ 为升交点,称为春分点。由地心引向春分点的射线的方向即为春分点的方向。在天文学中常用作基本方向。

时角:O 为地心,P 为北极,S 为观测站。PSG 为通过 S 的子午圈,X 为任一天体,PXT 为通过 X 的大圆弧,γTG 为赤道,则$\widehat{GT}$称为天体 X 的时角。对于春分点 γ 而言,$\widehat{G\gamma}$就是春分点的时角。

岁差:春分点在恒星间的位置不是固定不动的,它沿着黄道缓慢地向西移动,这一现象称为岁差。岁差现象是由于月球、太阳和行星对地球的吸引造成的。地球自转轴绕着黄极运动,进动角为 23.5°,进动方向和地球自转方向相反,周期约为 26000 年,称为日月岁差。它使春分点每年沿黄道西退约 50″.37。此外,行星对地球的引力会造成地球轨道面的旋转。这也会引起春分点的移动(但不引起地轴的进动),这称为行星岁差。它使春分点每年沿赤道移动 0″.13。

章动:月球和太阳的轨道面与赤道面不重合,它们有时在赤道面上,有时在赤道面下。另外,月—地、日—地距离也在不断变化。这些因素都使得地球自转轴的进动力矩不断变化。这就使得地球自转轴的进动变得极为复杂。进动轨迹可以看作在平均位置附近作短周期的微小摆动。这种微小摆动称为章动。章动的半振幅约为 9″.2,周期约为 18.6 年。

章动使用黄经章动和黄赤交角章动表示。其精确计算公式非常复杂,如果要精确到 0″.0001,则计算公式中将包含 100 多项。所以,在实际应用中不是用公式直接计算,而是用美国喷气推进实验室(JPL)提供的“日月行星星历和章动”资料计算。

对于春分点和赤道,当只考虑岁差影响时称为平春分点和平赤道。当岁差和章动影响都考虑时称为瞬时春分点和瞬时赤道,或真春分点和真赤道。

极移:地球自转轴与地面交点称为地极。由于地球表面的洋流、海潮和地球内部地幔等复杂运动,使地球瞬时自转轴有小于 1″的微弱晃动,这种晃动使地极在地表并不是严格的固定点。

地极在地表的移动称为极移。任一时刻瞬时极的位置可以用特定坐标系中中的 X_P 和 Y_P 坐标分量表示。该坐标系的原点位于国际协议原点 P_0(CIO),X 轴为格林尼治起始子午线,Y 轴为西经 90°的子午线。图 2.2 为 2012—2014 年地极变化情况。由图可见,这 3 年间地极周年变化规律明显,变化范围总体在 10m 内,且对 P_0 有明显的系统偏差。

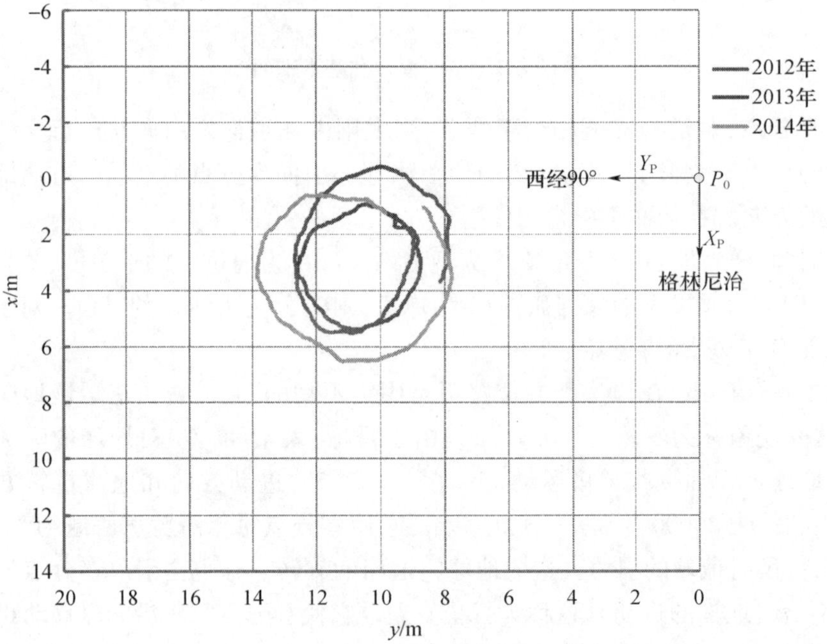

图 2.2　2012—2014 年地极变化情况

极移与岁差、章动是完全不同的地球物理现象。岁差和章动是地球自转轴的方向在恒星空间中的变化,但在地球内部的相对位置并没有改变。因此,岁差和章动只引起天体坐标的变化,却不会引起地球表面经度和纬度的改变。与此相反,极移表现为地球自转轴在恒星空间的方向没有改变,但是在地球内部的相对位置在改变。因此,造成南极和北极在地球表面上位置的改变。这样,就引起地球表面上以瞬时极定义的各地经度与纬度随时发生变化。在以固定极定义的地球固联坐标系上定义的各测站坐标与天球发生关系时必须首先进行极移修正。此外,岁差和章动可模型化程度非常高,它们的实际观测值与模型的理论计算值非常吻合,通过公式计算就可得到满足精度的参数值。极移振幅量值在地球表面的归算值虽然仅数十米量级,但很难与理论计算值相符。因此,高精度的极移数值都是通过实际观测给出。目前,极移值(X_P,Y_P)是由国际地球自传与参考系维持服务组织(IERS)精确测定并发布公告,以得到预报值和事后精确解算值。

此外,中国建立的全球卫星导航系统(GNSS)监测评估系统(IGMAS)也于2015 年 11 月通过 ICG－10 大会提案。IGMAS 主要任务是建立北斗卫星导航系统(BDS)/格罗纳斯导航系统(GLONASS)/“伽利略”导航系统(Galileo)导航卫星全弧段、多重覆盖的全球实时跟踪网,以及具备数据采集、存储、分析、管理、发布等功能的信息平台,对 GNSS 运行状况和主要指标进行监测和评估,生成高精度精密导航卫星星历、卫星钟差、地球极移参数、测量站坐标和速率、全球电离层延迟模型和 GNSS 完好性等产品。2016 年起,全球用户都可以通过http://en.beidou.gov.cn/网站得到极移值[103]。

2.1.2　时间系统及主要转换公式

在轨道计算中,时间是独立变量,但在计算不同的物理量时使用不同的时间系统,时间系统是由时间计量的起点和单位时间间隔的长度来定义的。

1. 恒星时

春分点在当地上中天的时刻为当地恒星时的零点,春分点在当地的时角定义为当地恒星时。由恒星时的定义可以看出,恒星时的变化速率就是春分点周日视运动的速率。而春分点周日视运动的速率为地球自转速率与春分点本身位移速率的合成。春分点位移速率是受岁差和章动影响的。当考虑岁差和章动影响时得到的恒星时称为真恒星时,记为 θ_g。

2. 太阳时

太阳时分为真太阳时和平太阳时。

真太阳时:取太阳视圆面中心上中天的时刻为零点,太阳视圆面中心的时角即为当地的真太阳时。

由于黄道与赤道不重合,以及地球绕日运动的轨道不是正圆形,使真太阳时的变化是不均匀的,因此定义平太阳时如下:

首先,假定在黄道面上一个做等速运动的点,其运行速度等于太阳视运动的平均速度,并和太阳同时经过近地点和远地点;然后,假定在赤道上一个做等速运动的点,其运行速度和黄道上的假象点的运行速度相同,并同时经过春分点。这第二个假想点称为平太阳,则

$$平太阳时 = 平太阳的时角 + 12h$$

或

$$平太阳时 = 平春分点的时角 - 平太阳的赤经 + 12h$$

3. 世界时

格林尼治的平太阳时称为世界时。

平太阳是观测不到的假想点,世界时实际上是通过观测恒星的周日运动,以恒星时为媒介得到的。世界时反映地球的自转。由于地球自转的不均匀性和极移引起的地球子午线的变动,世界时的变化是不均匀的。根据对世界时采用的不同修正,又定义了以下三种不同的世界时:

(1) UT0:通过直接测量恒星得到的世界时。

(2) 由于极移的影响,各地的子午线在变化,所以 UT0 与观测站的位置有关。经过极移修正后,得到 UT1:

$$UT1 = UT0 + 极移修正$$

(3) 由于地球自转存在长期、周期和不规则变化,所以 UT1 也呈现上述变化。将周期性季节变化修正后,得到 UT2:

$$UT2 = UT1 - 周期变化项$$

4. 历书时

把太阳相对于瞬时平春分点的几何平黄经为 279°41′48″.04 的时刻作为历书时的起点,1990 年 1 月 0 日 12 时(ET)的回归秒长度(回归年长度的 1/31556925.9747)定义为历书时的秒长。

历书时是在太阳系质心系框架下定义的一种均匀的时间尺度,是牛顿运动方程中的独立变量,是计算太阳、月亮、行星和卫星星历表的自变量。

历书时的定义依赖于所采用的天文常数系统,由观测月亮位置得到。1960—1967 年使用了改良的布朗(Brown)月表,得到的历书时称 ET0。1968—1971 年除使用改良的布朗月表外,又使用了 1964 年的天文常数系统,这样测得的历书时称为 ET1。1972 年后重新研究了月亮运动的新的级数展开,做出了新的月亮表,这样确定的历书时称为 ET2。本书中所用的历书时即为 ET2,简记为 ET。

5. 原子时

目前主要采用的国际原子时(TAI),是由国际时间局(BIH)确定的原子时

系统,从 1972 年 1 月 1 日 0 时(UT2)起算。该原子时是由国际上超过 50 个实验室 200 台以上铯原子钟加权平均维持的一种时间基准,其秒长度为铯 133 原子基态的两个超精细结构能态间跃迁辐射振荡 9192631770 次的时长。

6. 协调世界时

由世界时和原子时的定义可以看出,世界时可以很好地反映地球自转,但其变化是不均匀的。原子时的变化虽然比世界时均匀,但其定义与地球自转无关。因此,原子时不能很好地反映地球自转。为此,建立协调世界时(UTC),其变化基本与地球自转同步。协调世界时的历元与世界时的历元相同,其秒长的定义与原子时秒长定义相同。协调世界时是各跟踪站时间同步的标准时间信号。

实际上协调世界时的定义经过了几次变化。为了使协调世界时尽量接近于 UT2,在 1972 年 1 月 1 日之前采用频率补偿的办法,使协调世界时的秒长接近于 UT 的秒长。当 UTC - UT2 的绝对值超过 0.1s 时,在指定日期强迫跳 0.1s。1972 年 1 月 1 日后,协调世界时采用原子时固定秒长。1972 年 1 月 1 日 0 时 TAI - UTC 为 10 整秒,此后当 UTC - UT1 的绝对值超过 0.9s 时,在 1 月 1 日0 时(UTC)或 7 月 1 日 0 时(UTC)强迫跳秒,每跳一次为 1 整秒,称闰秒。

7. GPS 时

GPS 时(GPST)是全球定位系统使用的一种时间系统,它属于原子时系统,其起点为 1980 年 1 月 6 日 0 时 0 分 0 秒。在起始时刻,GPS 与 UTC 对齐,两个时间系统所给出的时间完全相同。由于 UTC 存在跳秒,而 GPST 是连续不跳秒的,因而经过一段时间后,这两种时间系统就会相差 n 整秒,n 是这段时间内 UTC 的累积跳秒数。而 1980 年 1 月 6 日 0 时 0 分 0 秒,UTC 与国际原子时已相差 19s,故 GPS 时与国际原子时之间总会有 19s 的固定差异,即

$$\mathrm{TAI} - \mathrm{GPST} = 19\mathrm{s}$$

理论上讲,TAI 和 GPST 都是原子时,且都不跳秒,因而这两种时间系统之间应严格相差 19s 整。但 TAI 与 GPST 两个时间系统由不同的原子钟维持,国际上有专门单位测定并发布两个时间系统的差异 C_0 值。从目前监测看,C_0 值一般保持在 10ns 以内。对于航天器碰撞预警计算来讲,该差异可完全忽略。但由于 GPS 广泛应用于时间比对和星载 GPS 定时,因此 UTC - GPST 的差异不能忽略。

8. 北斗时

随着中国北斗卫星导航定位系统的完善,北斗时将与 GPS 时一样被广泛应用。北斗时同样属于原子时系统,其起点为 2006 年 1 月 1 日 0 时 0 分 0 秒

(UTC)。北斗时没有闰秒,采用国际原子时秒长,最长的北斗时单位为周(定义为604800s),表示形式为周计数(WN)和周内秒(SW),TAI和BDT可通过下式相互转换:

$$\mathrm{TAI}-\mathrm{BDT}=33\mathrm{s}$$

BDT通过UTC(NTSC)与国际UTC建立联系。BDT与UTC之间的闰秒信息在导航电文中播报[102]。

9. 时间系统转换

由UT1转换成格林尼治平恒星时$\bar{\theta}_g$由下式计算:

$$\bar{\theta}_g=18^{\mathrm{h}}.6973746+879000^{\mathrm{h}}.0513367T_{\mathrm{U}}+0^{s}.093104T_{\mathrm{U}}^2-6.2^{s}\times10^{-6}T_{\mathrm{U}}^3 \tag{2.1}$$

式中:T_{U}为从2000年1月1日12时(UT1)(JD=2451545.0)起算的儒略世纪数。

由格里历日期转换成儒略日。设给出格里历日期的年、月、日、时、分、秒分别为Y、M、D、h、m、s,则有

$$\begin{aligned}\mathrm{J}=\mathrm{D}-32075&+[1461\times(\mathrm{Y}+4800+[(\mathrm{M}-14)/12])/4]\\&+[367\times(\mathrm{M}-2-[(\mathrm{M}-14)/12]\times12)/12]\\&-[3\times(\mathrm{Y}+4900+[[(\mathrm{M}-14)/12]/100])/4]\end{aligned} \tag{2.2}$$

式中:$[X]$表示取X的整数部分。

对应的儒略日为

$$\mathrm{JD}=\mathrm{J}-0.5+\mathrm{h}/24+\mathrm{m}/1440+\mathrm{s}/86400 \tag{2.3}$$

2.1.3 坐标系统及主要转换公式

在轨道计算中,必须精确处理各种观测量与轨道星历在不同的坐标系中的转换。同时,在轨道计算的动力学模型中,很多量也是在不同的坐标系中定义的,这就必须定义多种坐标系统,以方便处理和计算。

坐标系是由坐标原点、基本平面和基本平面中的主方向(在笛卡儿坐标系中通常是X轴的方向)三个要素定义的。

1. 2000.0惯性坐标系

坐标原点为地球质心,基本平面为2000.0地球平赤道面,X轴在基本平面内由地球质心指向2000.0的平春分点。Z轴为基本平面的法向,指向北极方向。Y轴与X、Z轴构成右手系。

在2000.0惯性坐标系中,位置矢量用$\boldsymbol{r}$表示,速度矢量用$\dot{\boldsymbol{r}}$表示。

2. 瞬时平赤道坐标系

坐标原点为地球质心，观测时刻的平赤道面为基本平面，X 轴在基本平面内由地球质心指向观测时刻的平春分点，Z 轴为基本平面的法向，指向北极方向，Y 轴与 X、Z 轴构成右手系。

在该坐标系中，位置矢量用 $\boldsymbol{r}_m$ 表示。速度矢量用 $\dot{\boldsymbol{r}}_m$ 表示。

3. 瞬时真赤道坐标系

坐标原点为地球质心，观测时刻的真赤道面为基本平面，X 轴在基本平面内由地球质心指向观测时刻的真春分点，Z 轴为基本平面的法向，指向北极方向，Y 轴与 X、Z 轴构成右手系。

在该坐标系中，位置矢量用 $\boldsymbol{r}_t$ 表示，速度矢量用 $\dot{\boldsymbol{r}}_t$ 表示。

4. 准地球固定坐标系

坐标原点为地球质心，地球瞬时赤道面为基本平面，X 轴在基本平面内由地球质心指向格林尼治子午圈，Z 轴指向地球自转轴的瞬时北极，X、Y、Z 构成右手系。由于极移的影响，Z 轴与地球表面的交点随时间而变。

该坐标系固定在地球上，与地球一起自转。在该坐标系中位置矢量用 $\boldsymbol{r}'_b$ 表示，速度矢量用 $\dot{\boldsymbol{r}}'_b$ 表示。

5. 国际地球参考系

国际地球参考系（ITRS）是国际上精度最高并被广泛应用的协议地球坐标系。按照 IUGG 的决议，ITRS 是由国际地球自传与参考系维持服务组织（IERS）负责定义，它对空间坐标 $O-XYZ$ 三个轴的核心定义为，O 为地球质心，Z 轴指向地球北极国际协议原点（CIO），X 轴指向格林尼治原点，Y 轴垂直于 X、Z 轴成右手系。仅有这样一个看不见、摸不到的参考系，还无法测量地球上点的实际位置，于是在 ITRS 定义基础上，在全球选择了一组基准测站，这些测站称为 IERS 基准站，所有 IERS 基准站的站坐标（X,Y,Z）、站坐标变化率（$\Delta X,\Delta Y,\Delta Z$）/年，以及相应的 IERS 公告的地球定向参数（EOP）一起组成了国际地球参考框架（ITRF）。有了这个参考框架，就可以测量地球或空间任意点与这些参考框架基准点的差值，从而计算出测量点在国际地球参考系定义的坐标值，也可用参考框架中极移参数精确计算出该点在各天球坐标系中的坐标。

6. 地球固定坐标系

为了使地球固定点的坐标保持固定不变，建立一个与地球本体完全固联在一起的坐标系是非常必要的。按照不同应用目的，可定义不同的地球固联坐标系。为了便于空间目标轨道确定工作中天球坐标与地面坐标的转换，空间目标轨道计算常采用与 ITRF 一致的 CGCS2000 或 WGS－84 地球固联坐标系。该坐标系固定在地球上，与地球一起自转。在该坐标系中位置矢量用 $\boldsymbol{r}_b$ 表示，速度矢量用 $\dot{\boldsymbol{r}}_b$ 表示。

WGS－84 坐标系作为 GPS 坐标基准，是美国建立的全球地心坐标系。它随着 GPS 导航定位技术的普及而成为全球广泛使用的一个地心坐标系。该坐标系定义与 ITRS 一致，该坐标对应的 IERS 基准点的坐标值与 ITRF 定义公布值在三个坐标轴方向的差异小于 1cm。

CGCS2000 坐标系也称 2000 中国大地坐标系，该坐标系原点和三轴指向定义与 ITRS 参考系一致，椭球几何参数为 $a=6378137.0$，$f=1/298.257222101$。在 2000 年参考历元 CGCS2000 在厘米级水平上可以认为与 ITRF 及 WGS84 坐标是一致的。

7. 大地坐标系

观测站的站址坐标及卫星星下点轨迹经常用大地坐标系表示。该坐标系以大地参考椭球面为基准面，观测站（或天体）的位置用大地经度 λ、大地纬度 φ、大地高 h 表示。其定义如下：

通过观测站（或天体）的大地子午面与本初子午面的夹角称为大地经度。由本初子午面向东计量。

通过观测站（或天体）的参考椭球面的法线与赤道面的夹角称为大地纬度。由赤道面向北计量为正，向南计量为负。

地面点（或天体）沿法线到参考椭球面的距离称为大地高。从参考椭球面起量，向外为正，向内为负。

8. 测站坐标系

坐标原点为测站中心，即测量设备跟踪天线的旋转中心。站心当地地平面为基本平面。由站心指向正北方向为主方向。

对于测站笛卡儿坐标系，X_s轴在基本平面内指向东方，Y_s轴指向主方向，Z_s轴与基本平面垂直指向上方。

对于测站球面坐标系，斜距 ρ 为站心至空间目标的距离，方位角 A 为由主方向顺时针量至空间目标位置矢量在基本平面内的投影，仰角 E 为空间目标位置矢量与基本平面的夹角。

在该坐标系中，位置矢量用 $\boldsymbol{\rho}$ 表示，速度矢量用 $\dot{\boldsymbol{\rho}}$ 表示。

9. 卫星坐标系

坐标原点为卫星质心，Z 轴由卫星质心指向地心（r 方向），Y 轴指向轨道面的负法向，X 轴在轨道面内与 Z 轴垂直指向卫星运动方向，X、Y、Z 轴构成右手系。

10. UNW 坐标系和 RTN 坐标系

1）UNW 坐标系

UNW 坐标系的坐标原点为空间目标质心，U 方向为速度矢量方向,N 方向在轨道面内与 U 方向垂直并指向轨道外法线方向,W 方向与 U、N 方向构成右手系。定义 UNW 坐标系在 2000.0 惯性坐标系中的单位矢量分别为 $\boldsymbol{U}$、$\boldsymbol{N}$、$\boldsymbol{W}$,则有

$$\boldsymbol{U} = \frac{\boldsymbol{v}}{|\boldsymbol{v}|}$$

$$\boldsymbol{W} = \frac{\boldsymbol{v} \times \boldsymbol{r}}{|\boldsymbol{v} \times \boldsymbol{r}|}$$

$$\boldsymbol{N} = \boldsymbol{W} \times \boldsymbol{U}$$

式中:$\boldsymbol{v}$、$\boldsymbol{r}$ 分别为空间目标在 2000 惯性坐标系中的位置矢量和速度矢量。

2）RTN 坐标系

RTN 坐标系的坐标原点为空间目标质心,R 方向为地心指向空间目标方向,T 方向在轨道面内与 R 方向垂直并指向空间目标运动方向,N 方向与 R、T 方向构成右手系。定义 RTN 坐标系在 2000.0 惯性坐标系中的单位矢量分别为 $\boldsymbol{R}$、$\boldsymbol{T}$、$\boldsymbol{N}$,则有

$$\boldsymbol{R} = \frac{\boldsymbol{r}}{|\boldsymbol{r}|}$$

$$\boldsymbol{N} = \frac{\boldsymbol{r} \times \boldsymbol{v}}{|\boldsymbol{r} \times \boldsymbol{v}|}$$

$$\boldsymbol{T} = \boldsymbol{N} \times \boldsymbol{R}$$

11. 坐标系之间的转换

空间目标轨道的星历计算是空间目标轨道确定和预报的基础,星历计算中的积分器要求在高稳定的连续时间框架下,没有旋转的惯性坐标系中进行空间目标位置积分。因此,目前轨道星历计算都选择在 BIH 确定的原子时系统 TAI 和 2000.0 惯性坐标系时空框架上进行积分,而用于观测空间目标的各类地面观测数据都在地球固联坐标系上定义且使用大家习惯的 UTC。因此,两类时空框架下时间坐标转换是轨道计算最基础的工作,必须熟练掌握上述时间和坐标系统的定义,利用时间、极移、岁差和章动等参数计算各坐标系间的转换参数。

2.2　空间目标轨道基本定义与转换

任何一个空间目标的运动状态,在每一时刻 t 都可用 2000.0 惯性坐标系下

空间目标的位置和速度表示。本书中所涉及的空间目标,主要指能绕地球做环绕运动的物体,其空间基本轨迹形成一个椭圆。每一时刻 t 所对应的椭圆形状和大小的三个参数主要由其运行速度决定,椭圆在 2000.0 惯性坐标系中的定位和目标在椭圆中运动的三个参数又唯一决定了该空间目标在 2000.0 惯性坐标系的位置。这六个参数合起来称为轨道六元素,它们是用解析的方法来直观形象并可唯一表达空间目标在空间的位置和速度。因此,目标的空间轨迹既可以用惯性坐标系来表示其空间的位置和速度,又可以按照轨道六要素来唯一表达其在空间的位置和速度。这两种表达方式可用数学公式精确互换,并可分别用数值和解析两种方法来求解运动方程达到获得任意时刻空间目标轨迹的目的。

2.2.1 空间目标二体运动

空间目标在运行过程中受到多种作用力,在这些作用力中,地球对空间目标的引力是最主要也是起绝对支配作用的力。同时,空间目标相对地球而言,它的质量和外形尺寸都很小,完全可把它当作质点处理。地球对空间目标的引力可分成中心引力和其他引力两部分。中心引力是把地球假设为质量分布均匀的正球体,因而可把地球当作质量集中于地心的一个质点来处理。在这种情况下,空间目标主要在地球的引力控制下运动,运动方程为

$$\frac{\mathrm{d}^2\boldsymbol{r}}{\mathrm{d}t^2} = -\mu\frac{\boldsymbol{r}}{r^2} + \boldsymbol{F} \tag{2.4}$$

式中:$\boldsymbol{r}$ 为空间目标的地心矢量;$\mu = G(M+m)$,G 为万有引力常数,M 为地球的质量,m 为空间目标的质量;$-\mu\frac{\boldsymbol{r}}{r^2}$为地心中心引力;$\boldsymbol{F}$ 为除地心中心引力以外其他摄动力的总和,包括地球的非球形摄动、大气阻力、太阳光压、日月引力等。

需要说明的是,在式(2.4)中,长度量以地球赤道半径为单位。

如果忽略其他摄动力,只考虑地心引力,运动方程就变为

$$\frac{\mathrm{d}^2\boldsymbol{r}}{\mathrm{d}t^2} = -\mu\frac{\boldsymbol{r}}{r^2} \tag{2.5}$$

在天体力学中,该方程描述的运动称为二体问题(或二体运动),二体问题有严格的分析解,详见文献[4,9]。

2.2.2 二体问题的积分

二体问题方程的分析解有如下积分:

面积积分

$$\boldsymbol{r} \times \dot{\boldsymbol{r}} = \boldsymbol{h} \tag{2.6}$$

能量积分

$$\dot{\boldsymbol{r}} \cdot \dot{\boldsymbol{r}} = \frac{2\mu}{r} + c \tag{2.7}$$

拉普拉斯积分

$$\dot{\boldsymbol{r}} \cdot \boldsymbol{h} = \mu \frac{\boldsymbol{r}}{r} + \boldsymbol{e} \tag{2.8}$$

式中:$\boldsymbol{h}$、$\boldsymbol{e}$ 为积分常数矢量;c 为积分常数。它们满足:

$$\boldsymbol{h} \cdot \boldsymbol{e} = 0$$

$$\boldsymbol{e} \cdot \boldsymbol{e} - c(\boldsymbol{h} - \boldsymbol{h}) = \mu^2$$

由以上积分不难导出轨道方程:

$$r = \frac{h^2/\mu}{1 + e\cos\angle(\boldsymbol{e}, \boldsymbol{r})} \tag{2.9}$$

这是一个圆锥曲线的方程,对于绕地球运行的空间目标来说,由于运动速度小于第二宇宙速度,这时它的轨道为椭圆或圆,即 $0 \leqslant e < 1$。

空间目标二体问题运动空间轨迹转化为对一个椭圆的描述,因此可以在空间按照六要素($a, e, i, \Omega, \omega, f$)唯一表达空间目标运动方程,如图 2.3 所示。

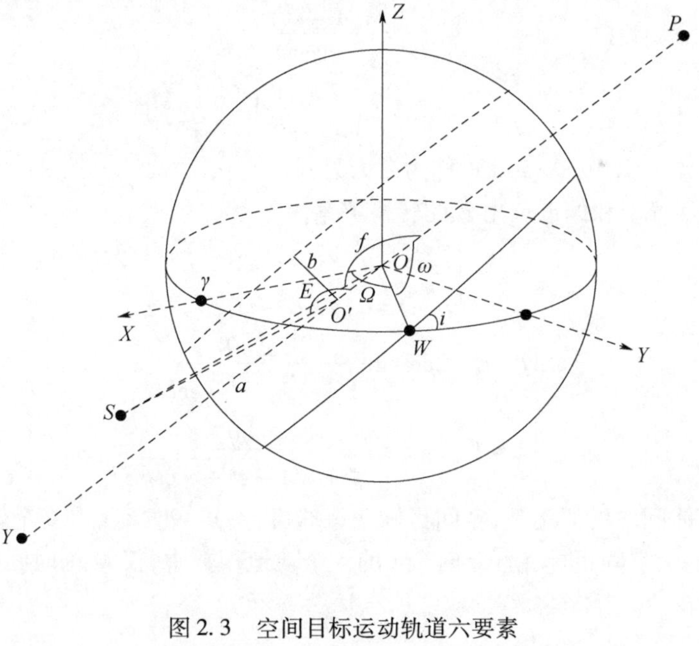

图 2.3　空间目标运动轨道六要素

图 2.3 中:O'为运动椭圆中心;O 为运动椭圆的一个焦点,即地心;a 为运动椭圆半长轴;b 为椭圆半短轴,椭圆偏心率 $e = \sqrt{a^2 - b^2}/a$;i 为椭圆与赤道面空间目标由南向北飞行交汇点 W 的夹角;Ω 为赤道面上 W 与春分点的夹角;ω 为

椭圆面上近地点 P 与 W 的夹角;f 为椭圆面上空间目标点 S 和 O 的连线与 PO 两点连线的夹角,称为真近点角;E 是椭圆面上空间目标点 S 和 O' 的连线与 PO' 两点连线的夹角,称为偏近点角[4]。

上述表达空间目标运动轨道的六要素(a、e、i、Ω、ω、f)也通称为空间目标轨道根数。

为了更清晰地反映空间目标的整体运动规律,通常将轨道根数中最后一个要素 f 用平近点角 M 来替换。由面积积分和活力公式,可得开普勒方程:

$$E - e\sin E = M \tag{2.10}$$

式中:E 可由下式得到,即

$$r = a(1 - e\cos E) \tag{2.11}$$

M 为描述空间目标在轨道上位置的一个根数,且有

$$M = n(t - \tau) \tag{2.12}$$

式中:τ 为空间目标过近地点时刻;n 为平运动角速度,且有

$$n = \sqrt{\frac{\mu}{a^3}} \tag{2.13}$$

轨道方程和能量积分为

$$r = \frac{a(1 - e^2)}{1 + e\cos f} \tag{2.14}$$

$$v^2 = \mu\left(\frac{2}{r} - \frac{1}{a}\right) \tag{2.15}$$

在天体力学中,式(2.15)称为活力公式。

真近点角 f 和偏近点角 E 的转换关系为

$$\begin{cases} r\sin f = a\sqrt{1 - e^2}\sin E \\ r\cos f = a(\cos E - e) \end{cases} \tag{2.16}$$

$$\begin{cases} f = E + 2\arctan\dfrac{e\sin E}{1 + \sqrt{1 - e^2} - e\cos E} \\ E = f - 2\arctan\dfrac{e\sin f}{1 + \sqrt{1 - e^2} + e\cos f} \end{cases} \tag{2.17}$$

在二体问题的假定下,空间目标绕地球飞行,某一时刻 t_0 和 6 个轨道根数确定后,理论上空间目标在任意时刻 t 的 6 个轨道根数中,仅 M 为时间变化量:

$$\begin{cases} M_t = M_{t_0} + n \times t \\ n = \sqrt{\dfrac{GM}{a^3}} \end{cases} \tag{2.18}$$

式中:n 为空间目标运行角速度。此时,在任意时刻 t 的空间目标位置速度即可推算得到。

2.2.3　空间目标轨道根数的基本转换

1. 轨道根数与笛卡儿坐标中位置速度的互换

空间目标在 2000.0 惯性坐标系 t 时刻的位置速度($x,y,z,\dot{x},\dot{y},\dot{z}$)与轨道六要素($a,e,i,\Omega,\omega,E$)具有唯一的对应转换关系：

$$\begin{cases}\begin{bmatrix}x\\y\\z\end{bmatrix}=a(\cos E-e)\hat{P}+a\sqrt{1-e^2}\sin E\hat{Q}\\ \begin{bmatrix}\dot{x}\\\dot{y}\\\dot{z}\end{bmatrix}=-\sin E\dfrac{\sqrt{\mu a}}{r}\hat{P}+\cos E\dfrac{\sqrt{\mu a(1-e^2)}}{r}\hat{Q}\end{cases}\tag{2.19}$$

其中

$$\begin{cases}\hat{P}=\begin{bmatrix}\cos\Omega\cos\omega-\sin\Omega\sin\omega\sin i\\ \sin\Omega\cos\omega-\cos\Omega\sin\omega\cos i\\ \sin\omega\sin i\end{bmatrix}\\ \hat{Q}=\begin{bmatrix}-\cos\Omega\sin\omega-\sin\Omega\cos\omega\cos i\\ -\sin\Omega\sin\omega+\cos\Omega\cos\omega\cos i\\ \cos\omega\sin i\end{bmatrix}\\ r=\sqrt{x^2+y^2+z^2}\end{cases}$$

2. 根数对坐标和速度的偏导数

定义：

$$\boldsymbol{N}=\begin{pmatrix}1\\0\\0\end{pmatrix},\boldsymbol{N}_2\begin{pmatrix}0\\1\\0\end{pmatrix},\boldsymbol{N}_3=\begin{pmatrix}0\\0\\1\end{pmatrix}$$

$$\boldsymbol{e}=\dot{\boldsymbol{r}}\times\boldsymbol{h}-\mu\frac{\boldsymbol{r}}{r}$$

$$\boldsymbol{R}=\begin{pmatrix}\sin i\sin\Omega\\ -\sin i\cos\Omega\\ \cos i\end{pmatrix}=\frac{\boldsymbol{h}}{h}$$

$$\boldsymbol{A}=\frac{\boldsymbol{N}_3\times\boldsymbol{h}}{|\boldsymbol{N}_3\times\boldsymbol{h}|},\boldsymbol{B}=\frac{\boldsymbol{h}\times\boldsymbol{A}}{\boldsymbol{h}\times\boldsymbol{A}}$$

其中

$$\boldsymbol{h}=\boldsymbol{r}\times\dot{\boldsymbol{r}},h=|\boldsymbol{h}|$$

（1）a 对 $\boldsymbol{r}$、$\dot{\boldsymbol{r}}$ 的偏导数：

$$\begin{cases}\dfrac{\partial a}{\partial \boldsymbol{r}}=\dfrac{2a^2\boldsymbol{r}}{r^3}\\[2ex]\dfrac{\partial a}{\partial \dot{\boldsymbol{r}}}=\dfrac{2a^2\dot{\boldsymbol{r}}}{\mu}\end{cases}\tag{2.20}$$

（2）i 对 $\boldsymbol{r}$、$\dot{\boldsymbol{r}}$ 的偏导数：

$$\begin{cases}-\sin i\,\dfrac{\partial i}{\partial \boldsymbol{r}}=\dfrac{\dot{\boldsymbol{r}}\times\boldsymbol{N}_3}{h}-\dfrac{(\boldsymbol{N}_3\cdot\boldsymbol{h})}{h^3}(\dot{\boldsymbol{r}}\times\boldsymbol{h})\\[2ex]-\sin i\,\dfrac{\partial i}{\partial \dot{\boldsymbol{r}}}=\dfrac{\boldsymbol{N}_3\times\dot{\boldsymbol{r}}}{h}-\dfrac{(\boldsymbol{N}_3\cdot\boldsymbol{h})}{h^3}(\boldsymbol{h}\times\boldsymbol{r})\end{cases}\tag{2.21}$$

（3）Ω 对 $\boldsymbol{r}$、$\dot{\boldsymbol{r}}$ 的偏导数：

$$\begin{cases}\dfrac{\partial\Omega}{\partial \dot{\boldsymbol{r}}}=\dfrac{\cos^2\Omega}{(\boldsymbol{N}_2\cdot\boldsymbol{h})^2}(\dot{\boldsymbol{r}}\times\boldsymbol{N}_1-\dot{\boldsymbol{r}}\times\boldsymbol{N}_2)\\[2ex]\dfrac{\partial\Omega}{\partial \dot{\boldsymbol{r}}}=\dfrac{\cos^2\Omega}{(\boldsymbol{N}_2\cdot\boldsymbol{h})^2}(\boldsymbol{N}_1\times\boldsymbol{r}-\boldsymbol{N}_2\times\boldsymbol{r})\end{cases}\tag{2.22}$$

（4）e 对 $\boldsymbol{r}$、$\dot{\boldsymbol{r}}$ 的偏导数：

$$\begin{cases}\mu^2 e\,\dfrac{\partial e}{\partial \boldsymbol{r}}=\left(\dot{\boldsymbol{r}}\times(\boldsymbol{e}\times\dot{\boldsymbol{r}})-\mu\left(\dfrac{\boldsymbol{e}}{r}-\dfrac{(\boldsymbol{e}\cdot\boldsymbol{r})}{r^3}\boldsymbol{r}\right)\right)\\[2ex]\mu^2 e\,\dfrac{\partial e}{\partial \dot{\boldsymbol{r}}}=(\boldsymbol{h}\times\boldsymbol{e})+(\boldsymbol{e}\times\dot{\boldsymbol{r}})\times\boldsymbol{r}\end{cases}\tag{2.23}$$

（5）ω 对 $\boldsymbol{r}$、$\dot{\boldsymbol{r}}$ 的偏导数：

$$\begin{cases}\dfrac{\partial\omega}{\partial \boldsymbol{r}}=\dfrac{\mu\boldsymbol{e}\cdot\boldsymbol{A}}{\boldsymbol{e}\cdot\boldsymbol{e}}\dfrac{\partial\xi}{\partial \boldsymbol{r}}-\dfrac{\mu\boldsymbol{e}\cdot\boldsymbol{B}}{\boldsymbol{e}\cdot\boldsymbol{e}}\dfrac{\partial\eta}{\partial \boldsymbol{r}}\\[2ex]\dfrac{\partial\omega}{\partial \dot{\boldsymbol{r}}}=\dfrac{\mu\boldsymbol{e}\cdot\boldsymbol{A}}{\boldsymbol{e}\cdot\boldsymbol{e}}\dfrac{\partial\xi}{\partial \dot{\boldsymbol{r}}}-\dfrac{\mu\boldsymbol{e}\cdot\boldsymbol{B}}{\boldsymbol{e}\cdot\boldsymbol{e}}\dfrac{\partial\eta}{\partial \dot{\boldsymbol{r}}}\end{cases}\tag{2.24}$$

其中

$$\begin{cases}\dfrac{\partial\xi}{\partial \boldsymbol{r}}=\dot{\boldsymbol{r}}\times\boldsymbol{C}-\mu\left(\dfrac{\boldsymbol{B}}{r}-\dfrac{(\boldsymbol{B}\cdot\boldsymbol{r})}{r^3}\right)\boldsymbol{r}\\[2ex]\dfrac{\partial\xi}{\partial \dot{\boldsymbol{r}}}=\boldsymbol{h}\times\boldsymbol{B}+\boldsymbol{C}\times\boldsymbol{r}\\[2ex]\dfrac{\partial\eta}{\partial \boldsymbol{r}}=\dot{\boldsymbol{r}}\times\boldsymbol{D}-\mu\left(\dfrac{\boldsymbol{A}}{r}-\dfrac{(\boldsymbol{A}\cdot\boldsymbol{r})}{r^3}\right)\boldsymbol{r}\\[2ex]\dfrac{\partial\eta}{\partial \dot{\boldsymbol{r}}}=\boldsymbol{h}\times\boldsymbol{A}+\boldsymbol{D}\times\boldsymbol{r}\end{cases}\tag{2.25}$$

其中

$$\begin{cases} \boldsymbol{C} = \boldsymbol{B} \times \dot{\boldsymbol{r}} + \boldsymbol{A} \times \boldsymbol{G} + \boldsymbol{F}^* \times \boldsymbol{N}_3 \\ \boldsymbol{D} = \boldsymbol{A} \times \dot{\boldsymbol{r}} + \boldsymbol{F} \times \boldsymbol{N}_3 \end{cases}$$

(6) M 对 $\boldsymbol{r}$、$\dot{\boldsymbol{r}}$ 的偏导数：

$$\begin{cases} \dfrac{\partial M}{\partial \boldsymbol{r}} = \left(\dfrac{e\cos E}{e^2} - 1\right)\left(\dfrac{\dot{\boldsymbol{r}}}{na^2} - \dfrac{\boldsymbol{r} \cdot \dot{\boldsymbol{r}}}{na} \dfrac{\boldsymbol{r}}{r}\right) - \dfrac{e\sin E}{e^2} \dfrac{\dot{\boldsymbol{r}} \cdot \dot{\boldsymbol{r}}}{\mu} \dfrac{\boldsymbol{r}}{r} \\ \dfrac{\partial M}{\partial \dot{\boldsymbol{r}}} = \left(\dfrac{e\cos E}{e^2} - 1\right)\left(\dfrac{\boldsymbol{r}}{na^2} - \dfrac{\boldsymbol{r} \cdot \dot{\boldsymbol{r}}}{na} \dfrac{\dot{\boldsymbol{r}}}{r}\right) - \dfrac{e\sin E}{e^2} \dfrac{2r}{\mu} \dot{\boldsymbol{r}} \end{cases} \tag{2.26}$$

其中

$$\begin{cases} e\sin E = \dfrac{\boldsymbol{r} \cdot \dot{\boldsymbol{r}}}{na^2} \\ e\cos E = 1 - \dfrac{r}{a} \\ e^2 = (e\sin E)^2 + (e\cos E)^2 \end{cases}$$

3. 坐标和速度对根数的偏导数

对于开普勒根数，有

$$\begin{cases} \Delta \boldsymbol{r} = \dfrac{1}{a}\left[\boldsymbol{r} - \dfrac{3}{2}\dot{\boldsymbol{r}}(t - t_0)\right]\Delta a + (H\boldsymbol{r} + K\dot{\boldsymbol{r}})\Delta e + \dfrac{\dot{\boldsymbol{r}}}{n}\Delta M_0 \\ \qquad + (\boldsymbol{\Omega} \times \boldsymbol{r})\Delta i(\boldsymbol{N} \times \boldsymbol{r})\Delta \Omega + (\boldsymbol{R} \times \boldsymbol{r})\Delta \omega \\ \Delta \dot{\boldsymbol{r}} = \dfrac{3}{2a}\left[\dfrac{\mu}{r^3}\boldsymbol{r}(t - t_0) - \dfrac{1}{3}\dot{\boldsymbol{r}}\right]\Delta a + (H\boldsymbol{r} + K\dot{\boldsymbol{r}})\Delta e - \dfrac{\mu \boldsymbol{r}}{nr^3}\Delta m_0 \\ \qquad + (\boldsymbol{\Omega} \times \dot{\boldsymbol{r}})\Delta i + (\boldsymbol{N} \times \dot{\boldsymbol{r}})\Delta \Omega + (\boldsymbol{R} \times \dot{\boldsymbol{r}})\Delta \omega \end{cases} \tag{2.27}$$

其中

$$\begin{cases} H = -\dfrac{a}{p}(\cos E + e), K = \dfrac{p + r}{np}\sin E \\ I = -\dfrac{1}{\sqrt{1 - e^2}}\sin E \\ J = \dfrac{1}{n\sqrt{1 - e^2}}\left(\dfrac{e}{1 + \sqrt{1 - e^2}} - 2\cos E + e\cos^2 E\right) \\ H' = \dfrac{na^2}{rp}\left[1 - \dfrac{a}{r}\left(1 + \dfrac{p}{r}\right)\right]\sin E, K' = \dfrac{a}{p}\cos E \\ I' = \dfrac{na^2}{r^2\sqrt{1 - e^2}}\left[-\dfrac{e}{1 + \sqrt{1 - e^2}} + \dfrac{a}{r}\sqrt{1 - e^2}\cos E + e\cos^2 E\right] \\ J' = \dfrac{1}{\sqrt{1 - e^2}}\sin E \end{cases} \tag{2.28}$$

式中：n 为平运动角速度；$p=a(1-e^2)$。

$$\boldsymbol{\Omega}=\begin{pmatrix}\cos\Omega\\ \sin\Omega\\ 0\end{pmatrix},\boldsymbol{N}=\begin{pmatrix}0\\ 0\\ 1\end{pmatrix},\boldsymbol{R}=\begin{pmatrix}\sin\Omega\sin i\\ -\cos\Omega\sin i\\ \cos i\end{pmatrix} \tag{2.29}$$

以上公式的详细推导过程参见文献[3]。

4. 空间目标二体运动加速度对位置速度偏导

由式(2.5)可得二体运动加速度：

$$\boldsymbol{a}_{\mathrm{TB}}=\frac{GM_{\mathrm{E}}}{r^3}\boldsymbol{r} \tag{2.30}$$

给出的二体问题加速度也可以用位函数表示，即式(2.30)满足：

$$\nabla\times\boldsymbol{f}=0$$

式中：$\nabla\times\boldsymbol{f}$ 表示 $\boldsymbol{f}$ 的旋度。

因此，引力场是一个保守力场。对于保守力场则存在位函数：

$$V=\int_{\infty}^{r}\boldsymbol{f}\mathrm{d}\boldsymbol{r}$$

使得

$$\boldsymbol{f}=\mathrm{grad}\ \boldsymbol{V}$$

式中：grad $\boldsymbol{V}$ 表示 $\boldsymbol{V}$ 的梯度。

如果把 $\boldsymbol{f}$ 取作单位质量所受的力，grad $\boldsymbol{V}$ 就是引力作用下的加速度。对于二体问题，其位函数为

$$V_0=\frac{GM_{\mathrm{E}}}{r} \tag{2.31}$$

则在二体问题中，空间目标的加速度为

$$\boldsymbol{a}_{\mathrm{TB}}=\mathrm{grad}V_0=\begin{bmatrix}\dfrac{\partial V_0}{\partial x}\\ \dfrac{\partial V_0}{\partial y}\\ \dfrac{\partial V_0}{\partial z}\end{bmatrix} \tag{2.32}$$

空间目标位置矢量的偏导数为

$$\frac{\partial \boldsymbol{a}_{\text{TB}}}{\partial \boldsymbol{r}}=\begin{pmatrix}\frac{\partial \boldsymbol{a}_{\text{TB1}}}{\partial x} & \frac{\partial \boldsymbol{a}_{\text{TB1}}}{\partial y} & \frac{\partial \boldsymbol{a}_{\text{TB1}}}{\partial z}\\ \frac{\partial \boldsymbol{a}_{\text{TB2}}}{\partial x} & \frac{\partial \boldsymbol{a}_{\text{TB2}}}{\partial y} & \frac{\partial \boldsymbol{a}_{\text{TB2}}}{\partial z}\\ \frac{\partial \boldsymbol{a}_{\text{TB3}}}{\partial x} & \frac{\partial \boldsymbol{a}_{\text{TB3}}}{\partial y} & \frac{\partial \boldsymbol{a}_{\text{TB3}}}{\partial z}\end{pmatrix}=\frac{GM_{\text{E}}}{r^3}\begin{pmatrix}3\frac{x^2}{r^2}-1 & 3\frac{xy}{r^2} & 3\frac{xz}{r^2}\\ & 3\frac{y^2}{r^2}-1 & 3\frac{yz}{r^2}\\ & & 3\frac{z^2}{r^2}\end{pmatrix} \tag{2.33}$$

对 GM_{E} 的偏导数为

$$\frac{\partial \boldsymbol{a}_{\text{TB}}}{\partial GM_{\text{E}}}=\frac{\boldsymbol{r}}{r^3} \tag{2.34}$$

2.2.4 空间目标轨道摄动力

空间目标在运行过程中绝没有二体问题那么简单,它受到多种作用力的影响。即使是完全把空间目标当作质点处理,地球的引力也可分成两部分:一是把地球假设为质量分布均匀的正球体,把地球当作质量集中于地心的一个质点来处理,即二体问题作用力;二是地球实际上并不是质量分布均匀的正球体,还要考虑地球非球体部分对空间目标的作用力,即地球带谐和田谐摄动力。此外,空间目标飞行还受大气阻力、N 体问题作用力、太阳辐射压力、地球辐射压力、相对论效应、本身姿态控制力等摄动力的影响,这些摄动力可统一表达为

$$\ddot{\boldsymbol{r}}=\boldsymbol{f}_{\text{TB}}+\boldsymbol{f}_{\text{NB}}+\boldsymbol{f}_{\text{NS}}+\boldsymbol{f}_{\text{TD}}+\boldsymbol{f}_{\text{RL}}+\boldsymbol{f}_{\text{SR}}+\boldsymbol{f}_{\text{AL}}+\boldsymbol{f}_{\text{DG}}+\boldsymbol{f}_{\text{TH}} \tag{2.35}$$

式中:$\boldsymbol{r}$ 为空间目标在惯性坐标系中的位置矢量,即

$$\boldsymbol{r}=x\boldsymbol{i}+y\boldsymbol{j}+z\boldsymbol{k}$$

式(2.35)右端为作用在空间目标单位质量上的力,它们分别表示如下。

$\boldsymbol{f}_{\text{TB}}$:二体问题作用力,即把地球看作是质量分布均匀的正球体,则地球和空间目标均可当作两个质点。$\boldsymbol{f}_{\text{TB}}$为地心对空间目标的吸引力。

$\boldsymbol{f}_{\text{NB}}$:月球、太阳和除地球之外的其他行星对空间目标的吸引力。

$\boldsymbol{f}_{\text{NS}}$:地球非球形部分对空间目标的吸引力。

$\boldsymbol{f}_{\text{TD}}$:地球潮汐(包括固体潮、海潮和大气潮汐)使地球对空间目标引力的变化部分。

$\boldsymbol{f}_{\text{RL}}$:相对论效应对空间目标运动的影响。

$\boldsymbol{f}_{\text{SR}}$:太阳辐射对空间目标造成的压力。

$\boldsymbol{f}_{\text{AL}}$:地球红外辐射和地球反射太阳光对空间目标产生的压力。

$\boldsymbol{f}_{\text{DG}}$:地球大气对空间目标的阻力。

$\boldsymbol{f}_{\text{TH}}$:作用在空间目标上的其他作用力,如空间目标姿态控制的动力等。

如果能得到式(2.35)的解析解,只要知道空间目标在某初始时刻 t_0 的运动状态 $\boldsymbol{r}_0$ 和 $\dot{\boldsymbol{r}}_0$,就可以得到任意 $t \geqslant t_0$ 时刻空间目标的运动状态 $\boldsymbol{r}$ 和 $\dot{\boldsymbol{r}}$。一般说来,上述各作用力的表达式都很复杂,除二体问题之外,目前尚无法得到式(2.35)的严格解析解。只有在某些近似假设下才可以得到近似解析解。对于轨道计算精度仅百米量级的编目定轨,一阶近似解是很有效的。但是,对于航天器碰撞精确预警,其空间目标轨道计算精度要求需达到米量级甚至更高,此时要得到式(2.35)的解析解就非常困难。

随着计算机和应用数学的发展,用数值积分的方法已经能够完美地解决空间目标轨道计算问题。在数值积分解决方案中,空间目标在运行轨道上的位置、速度和加速度是数值积分方程中统一的表述。因此,可将式(2.35)中力的表述式改写为加速度的表述式,即

$$\boldsymbol{a} = \boldsymbol{a}_{\mathrm{TB}} + \boldsymbol{a}_{\mathrm{NB}} + \boldsymbol{a}_{\mathrm{NS}} + \boldsymbol{a}_{\mathrm{TD}} + \boldsymbol{a}_{\mathrm{RL}} + \boldsymbol{a}_{\mathrm{SR}} + \boldsymbol{a}_{\mathrm{AL}} + \boldsymbol{a}_{\mathrm{DG}} + \boldsymbol{a}_{\mathrm{TH}} \tag{2.36}$$

在式(2.35)中,各摄动力对空间目标轨道的影响各不相同。为了清晰地描述各摄动力之间的主次关系,下面对各摄动力的量级进一步讨论。通常以二体问题作用力为参照基准,将二体问题作用力视为1,那么地球带谐和田谐项的作用力为 10^{-3} 量级,低轨道空间目标大气阻力作用力可达到 10^{-5} 量级,太阳、月亮以及其他行星引力的 N 体问题作用力在 10^{-7} 量级,对于尚在使用且频繁调姿的卫星,其姿态控制力对轨道作用力可能达到 10^{-7} 量级,太阳辐射压力和地球辐射压力约在 10^{-8} 量级,相对论效应影响约在 10^{-9} 量级。通常把除二体问题中心作用力以外,空间目标飞行受到的所有力统称为空间目标飞行摄动力,简称摄动力。摄动力大到 10^{-3} 量级,小到 10^{-9} 量级,而且随着人们对轨道动力学的理论研究和测量精度的不断提高,更小量级的摄动力可能会被不断发现和细化。各摄动力的大小随空间目标轨道的高低,变化也非常明显,表2.1~表2.3分别给出这些摄动力对340km、780km和36000km圆形轨道高度上运行的三类不同空间目标轨道24h位置计算精度的影响。由表2.1可见,在340km以下的空间目标轨道计算中,虽然考虑加入大气摄动力对轨道的影响,但仅假设大气摄动模型的误差为5%(事实上,目前国际上还没有一个大气模型的误差小于5%),空间目标24h轨道计算误差就达数千米量级,而其他各种摄动力即使完全忽略,对低轨道空间目标24h轨道计算的影响总和仅在数十米量级,并且这些摄动力模型化程度相对较高。当然随着空间目标轨道高度的增加,表2.2和表2.3显示大气摄动力的影响在逐渐减小,日月引力摄动力和太阳光压摄动力的影响在逐渐增加。可见,对于近地卫星轨道,大气阻力是除地球引力外轨道摄动力的主项。而相对其他摄动而言,大气阻力的可模型化精度最差,这也是近

年来国际上对这一领域研究较活跃的原因。

表 2.1 各种摄动对某低轨空间目标轨道的影响（轨道高度 340km）

摄动项		摄动(24h 内)							
影响		1	2	3	4	5	6	7	8
摄动项	日月潮汐		Y	Y	Y	Y	Y	Y	Y
	大气阻力	Y	5%误差	Y	Y	Y	Y	Y	Y
	地球反照	Y	Y		Y	Y	Y	Y	Y
	相对论	Y	Y	Y		Y	Y	Y	Y
	N 体问题	Y	Y	Y	Y		Y	Y	Y
	太阳光压	Y	Y	Y	Y	Y		Y	Y
	太阳引力	Y	Y	Y	Y	Y	Y		Y
	月亮引力	Y	Y	Y	Y	Y	Y	Y	
预报 24h 误差	最大位置误差	3.528	64114.0	1.0213	2.662	0.0017	6.944	13.418	39.619
	径向最大	0.159	872.4	0.0985	0.027	0.0013	1.945	0.689	0.926
	切向最大	3.513	64109.6	1.0213	2.662	0.0016	6.944	13.417	23.011
	法向最大	0.832	19.4	0.0013	0.001	0.0010	0.003	0.049	33.295
注:“Y”表示考虑该项摄动,空白表示不考虑该项摄动。									

表 2.2 各种摄动对资源卫星轨道的影响（轨道高度 780km）

摄动项		摄动(24h 内)							
影响		1	2	3	4	5	6	7	8
摄动项	日月潮汐		Y	Y	Y	Y	Y	Y	Y
	大气阻力	Y		Y	Y	Y	Y	Y	Y
	地球反照	Y	Y		Y	Y	Y	Y	Y
	相对论	Y	Y	Y		Y	Y	Y	Y
	N 体问题	Y	Y	Y	Y		Y	Y	Y
	太阳光压	Y	Y	Y	Y	Y		Y	Y
	太阳引力	Y	Y	Y	Y	Y	Y		Y
	月亮引力	Y	Y	Y	Y	Y	Y	Y	
预报 24h 误差	最大位置误差	1.646	27.733	0.8658	2.382	0.0014	8.970	32.516	64.440
	径向最大	0.132	0.484	0.0799	0.027	0.0011	2.187	0.932	2.028
	切向最大	1.590	27.732	0.8658	2.382	0.0014	8.970	29.543	62.023
	法向最大	0.702	0.009	0.0073	0.012	0.0009	0.277	14.333	27.339
注:“Y”表示考虑该项摄动,空白表示不考虑该项摄动。									

表 2.3　各种摄动对地球同步卫星轨道的影响(轨道高度 36000km)

摄动项		摄动(24h 内)							
影响		1	2	3	4	5	6	7	8
摄动项	日月潮汐		Y	Y	Y	Y	Y	Y	Y
	大气阻力	Y		Y	Y	Y	Y	Y	Y
	地球反照	Y	Y		Y	Y	Y	Y	Y
	相对论	Y	Y	Y		Y	Y	Y	Y
	N 体问题	Y	Y	Y	Y		Y	Y	Y
	太阳光压	Y	Y	Y	Y	Y		Y	Y
	太阳引力	Y	Y	Y	Y	Y	Y		Y
	月亮引力	Y	Y	Y	Y	Y	Y	Y	
预报 24h 误差	最大位置误差	0.179	0	0.3467	36.02	0.01	409.2	3101	11481
	径向最大	0.045	0	0.0443	5.68	0.006	98.5	1224	3699
	切向最大	0.176	0	0.3463	35.93	0.01	401.8	2922	10924
	法向最大	0.059	0	0.001	0.005	0.003	5.6	494	1552
注:“Y”表示考虑该项摄动,空白表示不考虑该项摄动。									

式(2.36)中,前 7 项摄动加速度的理论研究已较完善,在文献[1]中已给出其精确公式,本书不再赘述。第 8 项大气摄动力的动力学模型将在第 4 章中进一步开展讨论。第 9 项尚在工作的空间目标巡航姿态控制动力摄动与其姿态数据相关,在非合作测量模式下,无法通过空间目标遥测获得其飞行姿态数据,只能在轨道计算中把它和大气密度修正因子一起考虑,因此在本书中将该摄动力与大气模型不确定性一并在第 4 章讨论。

第3章　空间目标探测技术

3.1　概　述

空间目标探测是采用一定技术设备或手段，及时发现进入被监视区域的空间目标。按照观测设备搭载平台的位置可分为地基和天基两种，前者是观测设备位于地球表面，后者是观测设备位于太空。

3.1.1　地基探测

地基探测是利用安置在地球表面的设备测量空间目标的位置，主要有无线电探测和光电探测[46]两种技术。

1. 无线电探测技术

无线电探测包括机械跟踪雷达、相控阵雷达和电磁篱笆等多种形式。地基无线电探测空间目标是空间目标探测的重要方式。优点是全天候和全天时，不受天气的影响，具有多目标探测能力和发现新目标的能力。但随着作用距离增加，对发射功率的要求越来越高。因此，无线电探测主要用于监测低轨道上的空间目标。若需探测远距离、高轨道目标时，需要的雷达发射功率和天线尺寸急剧增大，探测效费比不高。

1）机械跟踪雷达

机械跟踪雷达以机械方式控制波束方向。这种雷达只有当空间目标进入天线波束时，才能监测和测量，所以主要用于对目标进行跟踪和成像。由于波束很窄且不能电扫描，雷达捕获目标困难，故观察多目标的能力受到了限制，通常用于跟踪视场小于1°的单一目标。

2）相控阵雷达

相控阵雷达以电子方式控制波束方向，可以同时监测不同方向上的许多物体，主要用于跟踪和搜索任务。因为视场较宽，这种雷达通常用于同时监测跟踪多目标。

3）电磁篱笆

电磁篱笆中雷达天线发出的电磁波不是一条细细的波束，而是一个薄薄的面。空间目标穿越时,反射雷达的电磁波由接收机接收,将前后几次穿越的数据集合起来就能确定目标的轨道。

雷达监测空间目标时,通常采用三种工作模式,即跟踪模式、波束指向模式和混合模式。跟踪模式是指雷达连续跟踪一个目标,获得连续的测角、测距、测速、雷达回波的相位和振幅等数据,再根据这些数据推算目标的轨道根数。波束指向模式是指雷达天线固定在一个方向,只接收经过其视场的雷达回波数据。该方法能给出监测目标的数量和大小等统计信息,但无法获得连续的跟踪数据。混合模式时,雷达将以波束指向模式开始工作,然后当目标经过波束时,再转换到跟踪模式,这样就能获得连续的跟踪数据。一旦收集到所需数据,雷达可再回到波束指向模式。

雷达既可采用单基地结构(接收机和发射机采用同一天线),也可采用双基地结构(收发分设两处,采用不同天线)。

2. 光电探测技术

地基光电测量是利用光电望远镜监测设备来实现空间目标监测的方法。光电望远镜监测设备是望远镜和光电监测器的集成设备,是一种电子增强的望远镜。

光电探测是最传统的探测手段,其技术成熟,建设和运行成本低,对距离较远的中高轨道目标有优势。但是,由于大气的吸收,紫外、红外等波段都无法利用,只能利用可见光望远镜进行测量。而光电望远镜受昼夜、地形和天气等条件的影响,一个空间目标对某一台光电设备而言,即使在几何可见、晴朗的天气条件下,仍有30%以上受天光地影影响,不能实现观测跟踪。

光学测量在空间目标监测中的主要作用是提供空间目标的高精度测量数据,对远距离(深空)空间目标进行测量的能力,可弥补雷达受作用距离限制的局限性。

地基探测空间目标是当前空间目标探测的主要手段,也是空间目标探测数据的主要来源。地面观测设备由于不受体积和质量等限制,可以采用大口径天线获得很高的空间分辨率,也可以采用很大的发射功率来获得远距离目标的观测,这是其他探测方法所不能实现的。但地基空间目标探测也有两个不利因素:一是陆基站的有效覆盖范围无法达到对空域、时域的无缝覆盖,建立更多的监测站又受到政治和地理方面因素的制约。二是在现有的探测手段中,雷达虽然具有主动探测能力,但作用距离受到制约;光电手段作用距离虽然较远,但不能达到全天候和全天时的要求。

3.1.2 天基探测

天基空间目标探测是利用位于天基平台的监测设备进行探测的方法。由于探测位置和空间目标的距离更近,并且没有大气对信号的干扰(如消光和吸收),天基探测分辨率更高,但是成本高于地基探测,所以需要对性能和成本进行权衡。空间目标的天基测量从测量形式上可以分为光学测量和雷达测量两种方式。

目前,空间目标监视仍以地基监测为主要手段,以天基监测为辅助。在地基监测中,低轨道空间目标监测以无线电探测为主,以光学探测跟踪监测为辅。中高轨空间目标监测主要依靠光学探测进行跟踪测量。

3.2 雷达测量技术

当前,地基雷达依然是世界各国对低轨空间目标进行监测的主体设备。以美国为例,在10cm以上的低轨空间目标编目管理中,由雷达设备来维持的目标编目管理占99.8%。各国之所以首选地基雷达进行低轨空间目标监测,主要是因为地基雷达不受体积、质量、气候等因素限制,并可采用大孔径天线与大发射功率来获得较高的角度分辨率和较远的探测距离。

地基监测雷达的主要探测方式有精密跟踪方式、相控阵扫描方式和篱笆型监测方式。精密跟踪雷达通常需要轨道预报信息作为引导,主要完成特定单个目标的精密跟踪、定轨及成像,如美国的GLOBUS跟踪雷达和德国的TIRA雷达。相控阵扫描方式的雷达优势在于灵活的多任务跟踪监测能力,如美国Eglin空军基地的AN/FPS85相控阵雷达可以同时跟踪200个近地轨道目标。另外,相控阵扫描方式的雷达能够形成“虚拟”波束屏障,具备对空间目标进行普测的能力,如法国的GRAVES雷达通过相控阵扫描形成方位上180°覆盖的虚拟篱笆。篱笆型监测方式是通过波束驻留或波束扫描模式在空间上形成一道或多道“无遗漏”的电子屏障,以获取穿越电子屏障的空间目标的位置、速度等信息。相比相控阵雷达、光学望远镜等设备,篱笆型空间目标监测雷达拥有非常高的目标刷新率和捕获量。

3.2.1 雷达测量元素

跟踪雷达能够对目标连续自动跟踪并进行测量,输出跟踪目标的坐标参数,如方位角 A、俯仰角 E、斜距 R、径向速度 v 等。

1. 雷达目标角度测量与跟踪方法

雷达是利用发射(接收天线)的方向性来实现目标测角功能的。目标的角度是指接收信号最强时天线所指的方向。一般来说,天线孔径越大,所形成波束越窄,波束的方向性越强,因此测角精度越高。但是,这种利用波束最大值进行测角的方法测角精度比较低。

干涉仪测角是通过测量两个分立的接收天线信号的相位差来得出目标回波的方向,这是比相单脉冲测角的基础。当然,通过测量两个分立的接收天线(或同一天线两个倾斜波束)信号的幅度差也可以得出目标回波的方向,这也是波瓣转换、圆锥扫描及比幅单脉冲测角的基础。事实上,跟踪雷达能够对目标进行连续自动跟踪的原因在于这样的相位差和幅度中包含有目标的角位置信息。

2. 雷达目标距离的测量与跟踪方法

对于脉冲雷达,当雷达工作时,发射机首先通过发射天线辐射出一串高频信号(这些高频信号的脉冲重复周期通常是固定的)。这些高频电磁波遇到目标时,会发生散射现象,其中的一部分电磁波会朝接收天线的方向反射。因此,通过计算雷达信号往返目标所用的时间,可推算出目标与雷达之间的距离。对于单站雷达,目标到雷达站的距离 R 与回波相对于发射信号的延迟时间t_R的关系如下:

$$t_R = \frac{2R}{c} \tag{3.1}$$

$$R = \frac{1}{2}c\ t_R \tag{3.2}$$

式中:c 为电磁波在均匀介质中的传播速度。

因此,要计算目标到雷达站的距离 R,关键在于精确测量回波相对于发射信号的延迟t_R。脉冲雷达通常采用这种方法进行测距。

3. 目标速度的测量与跟踪方法

一般来说,用雷达来完成目标测速有以下两种方法:

(1) 连续测量目标距离,通过计算目标距离的变化率,等价于计算出目标的径向移动速度。这种方法计算比较简单,而且不存在速度模糊;但受测距精度影响,测速精度一般不高。

(2) 利用雷达目标回波的多普勒频移来测量目标速度。假设目标相对于雷达存在径向速度 v,则雷达接收到的目标回波频率f_{r}与发射信号频率f_0相比存在多普勒频移f_{d},并且

$$f_{\mathrm{d}} = f_{\mathrm{r}} - f_0 = \frac{-2v f_0}{c+v} \approx \left(\frac{-2v}{c}\right) f_0 \tag{3.3}$$

式中:c 为电磁波在均匀介质中的传播速度,并且假定目标速度远小于 c。

另外,当目标远离雷达时,多普勒频移为负;目标接近雷达时,多普勒频移

为正。因此,通过测量多普勒频移,即可计算出目标的径向速度。

对于高脉冲重复频率雷达,这种方法测速精度较高且无测速模糊,但其存在测距模糊的问题。对于中低脉冲重复频率的雷达,也可以利用回波的多普勒频移对目标进行测速,但此时既存在测速模糊又存在测距模糊。对于连续波雷达回波,这是最理想的测速方法,测量精度高且不存在测速模糊,但其测距存在问题。

当然,无论选择哪种测速方法,都需要对目标持续观测一定时间。理论研究表明,相干观测时间越长,目标测速精度越高。

3.2.2　雷达测量数据建模

在雷达测量过程中,一般会产生系统误差、随机误差和过失误差。采样过程中保持恒定或按一定规律缓慢变化的误差称为系统误差,这种误差在某种程度上有可预测性,一般可以在测量前后通过适当的校准和补偿技术进行部分修正。由各种不确定性扰动或随机因素引起的误差称为随机误差,这种误差不能通过校准补偿修正,但可以通过滤波技术来减小。由操作过失、设备故障或状态异常变化引起的误差为过失误差。下面对雷达各测量元素中的系统误差和随机误差进行分析。

1. 测距误差

测距误差是雷达在测量目标斜距过程中出现的误差。测距误差可分为与雷达相关的跟踪误差(如零距离偏置、热噪声、多路径等)、与雷达相关的转换误差(如距离量化、距离 - 多普勒耦合等)、与目标相关的误差(如动态滞后、距离闪等)、传播误差(如对流层折射等)。按误差表现形式可分为随机误差和系统误差。

1)测距随机误差

测距随机误差包括接收回路热噪声误差、脉冲前沿抖动误差、伺服噪声误差、量化误差、发射脉冲宽度变化误差和多路径误差等。

(1)热噪声误差。热噪声误差大小与雷达信号的有效带宽和有效信噪比有关。某单脉冲雷达发射波形脉冲宽度为 0.8μs,距离归一化误差斜率 1.8,脉冲重复频率(PRF)为 585.5Hz,距离伺服带宽为 10Hz,当信噪比(S/N)为 12dB 时,则可得出接收系统的系统热噪声误差为 2.2m。

(2)脉冲前沿抖动误差。发射波形的脉冲前沿抖动给测量过程引入扰动误差。若发射脉冲前沿抖动幅度为 ±10ns,假设抖动服从均匀分布,引起的测距随机误差约为 1m。

（3）伺服噪声误差。对于脉冲雷达测距系统，伺服误差的量级一般为 0.5～1m。

（4）量化误差。测量数据编码受位数限制，在测量数据中引入量化误差。例如，距离测量数据利用22位二进制码输出，最小量化单位为1.953125m，则可推算出量化误差最大可达0.7m。

（5）发射脉冲宽度变化误差。如果发射波形的脉冲宽度变化在±10ns内，且服从均匀分布，则引起的测距误差小于1m。

（6）多路径误差。通过多路径反射回来的镜像回波造成距离测量的多路径误差。发射系数取为0.3，发射波形脉冲宽度为0.8μs，相对旁瓣增益为25dB，则多路径误差最大可达1m量级。

2）测距系统误差

测距系统的系统误差是测距误差的主要部分，包括零值误差、时延误差、折射误差、动态滞后误差等。

（1）零值误差。距离零值是雷达跟踪过程中主要的确定性误差项，可以进行校准。在工程上一般利用测量距离标的方法标定距离零值，距离标用来模拟空间点目标，距雷达越远越好，距离标角反射体与雷达中心之间距离一般通过高精度的大地测量成果给出。一般地，经标校后的零值误差残差应小于2m。

（2）时延误差。在脉冲雷达接收机或在目标转发器中，信号收发过程都会占用时间。接收系统的时延通过标校获得精确值，修正后此项误差应小于2m。

（3）折射误差。电磁波在大气层和电离层中传播时会因折射而引入测距误差。折射误差可按一定的模型加以修正，修正后的残差应小于1m。

（4）动态滞后误差。当目标变加速度运动时引起伺服超前或者滞后，导致测距中出现误差。动态滞后所带来的测距误差为

$$\Delta R = K_v^{-1} R \tag{3.4}$$

可以看出，距离变化越剧烈，测距动态滞后误差越大。

2. 测角误差

测角误差是指雷达角坐标测量过程中误差。测角误差源包括雷达跟踪误差（如热噪声误差、多路径、阵风、风和重力扭矩等）、雷达转换误差（如轴系正交、大盘不水平、零值对准、数据量化等）、目标相关误差（如动态滞后、角闪烁等）、传播误差（如折射误差等）。按误差表现形式同样可分为系统误差和随机误差。

1）测角随机误差

接收系统热噪声误差是测角随机误差的主要分量。

（1）接收系统热噪声误差。进入雷达接收系统的热噪声引起角误差检波器输出产生误差，在低信噪比情况下尤为重要，可导致天线在角度上产生较大幅度的扰动。

（2）阵风扰动误差。风可以分为稳态风和阵风。阵风是在稳态风附近起伏的分量，其在天线上产生变动力矩。阵风扰动误差包括伺服零点漂移误差和天线变形误差两部分。在阵风为8级风的条件下，取天线空气动力常数为 $0.25\text{kg}\cdot\text{m}/(\text{m/s})^2$，天线弹性系数为 $10^{-4}\text{mil}/(\text{kg}\cdot\text{m})$，阵风均方根幅度为2.5m/s，可得出天线变形误差为0.0025mil。

（3）伺服噪声误差。由于伺服和机械传动系统的不理想而引入的噪声称为伺服噪声。系统元件的非线性、伺服系统的不稳定性、机械噪声和回差等因素，使伺服噪声误差难以进行计算，可通过实际测定进行定量估值。

（4）码盘误差。雷达角度输出后，在读取数值时也会引入误差。码盘误差包括码盘量化误差和码盘非线性误差两种。对于18位码盘，码盘的量化误差为

$$\sigma_g = 6000 \times 12^{-18}(\sqrt{12})^{-1} = 0.007(\text{mil})$$

密位码盘非线性误差 σ_f 采用定量估值方法确定，一般18位码盘的 σ_f 参考取值为0.02mil。

（5）多路径误差。在低仰角跟踪时，雷达与目标间的电波传播都可能经过两个路径，一个是雷达与目标间的直接路径，另一个是中间经过地面反射的路径，当仰角足够低时，将会严重影响对目标的跟踪。

2）测角系统误差

测角系统误差主要包括零值对准误差、轴系误差、电波折射误差、动态滞后误差和天线重力下垂误差等。

（1）零值对准误差。工程上，以瞄准线位于水平并对准正北向作为方位和俯仰的零值，理论上此时雷达码盘的读数应为零，但实际上码盘一般有起始读数值，即为零值对准误差。经标校后，零值误差的残差通常应小于0.05mil。

（2）轴系误差。轴系误差是大盘不水平、方位轴俯仰轴不正交、光轴不垂直和光电轴不匹配等设备系统误差的总称。

大盘不水平指方位旋转轴不垂直于地面，其标定过程是测定大盘倾斜的幅度 β 和大盘倾斜的最大方向 A_M，常用合像水平仪进行标定。方位俯仰轴不正交即俯仰轴不垂直于方位轴，它仅引起方位角误差，在装配后一般无法调整。电轴必须与俯仰轴垂直，否则将产生方位误差，并且方位和俯仰的电轴都必须准确标定。由于电轴调整和坐标定位不方便，工程上常用装在天线上的光学望远

镜作为媒介,安装时要尽量使光轴和电轴一致,且与俯仰轴垂直。光轴不垂直只引起方位误差,光电轴不匹配引起方位误差和俯仰误差。经标校后,上述每项误差的残差必须控制到0.05mil以下。

(3) 电波折射误差。电波折射误差分为对流层折射和电离层折射两部分。电波折射一般只引起仰角误差,其中电离层折射误差很大程度上取决于雷达工作频率。

电波折射误差较大,对空间目标的轨道确定具有显著影响,必须利用实测的空间环境参数加以修正。

(4) 动态滞后误差。动态滞后误差是指跟踪系统在雷达坐标中因为没能跟上目标的速度、加速度或高阶导数而形成的误差,也是动态滞后衡量伺服系统快速性的指标。假定目标的角速度和角加速度分别为$\dot{\theta}$、$\ddot{\theta}$,则动态滞后误差近似满足:

$$\Delta\theta = K_{\dot{\theta}}^{-1}\dot{\theta} + K_{\ddot{\theta}}^{-1}\ddot{\theta} \tag{3.5}$$

式中:$K_{\dot{\theta}}$、$K^{1}_{\ddot{\theta}}$分别为伺服系统的角速度误差系数和角加速度误差系数。在航天测控工程中,动态滞后误差经修正后残差应小于0.07mil。

(6) 天线重力下垂误差。天线在重力作用下造成结构变形,产生电轴偏移。一般来说,这种变形在大型天线中比较严重,小型天线中较小。在工程数据处理过程中,该项误差的修正后残差应小于0.05mil。

3. 测速误差

脉冲雷达的多普勒测速主要是利用目标相对运动的多普勒效应来测定距离变化率的,因此测速精度体现在信号多普勒频率测量精度上。在测定多普勒频移的过程中,也会引入随机误差和系统误差。

1) 测速随机误差

脉冲雷达测速的随机误差主要来自热噪声、多路径、目标调制和数据量化处理等方面。

(1) 热噪声误差。假定某单测速系统的等效噪声带宽为10Hz,滤波器带宽为40Hz,环路鉴别器误差斜率取为1.2,当信噪比$S/N = 12$dB时,热噪声误差约为0.3m/s,当S/N增加到20dB,热噪声误差则降为0.01m/s。

(2)量化误差。当系统采用20位二进制码记录多普勒频率时,速度的量化误差小于0.01m/s。

2) 测速系统误差

脉冲雷达测速系统的系统误差主要有鉴别器零点变化误差以及电波折射误差、动态滞后误差等。

(1)鉴别器零点误差。鉴别器零点可以校准,但温度的变化将引起零点的变化。此项误差应控制在 0.01m/s 内。

(2)动态滞后误差。动态滞后引起的测速误差为

$$\Delta V = K_a^{-1}\ddot{R} \tag{3.6}$$

式中:K_a为测速系统的加速度误差系数。

4. 系统误差的数学模型

定义单脉冲雷达测量值为X_e,观测对象真值为X_0,测量数据的误差为 ΔX,则有 $\Delta X = X_e - X_0$。建立测距、测角和距离变化率数据的误差修正模型:

$$\Delta X = \Delta X_f + \Delta X_p + \varepsilon_X \tag{3.7}$$

式中:ΔX_f为设备系统误差,由设备系统固定偏差和轴系偏倚给测量数据带来的误差组成;ΔX_p为过程误差,是跟踪过程中产生的各种可模型化的非随机误差;ε_X为各种各种随机误差和非模型化微小误差的综合影响。

脉冲雷达跟踪测量过程中的系统误差主要由应答机时延误差、轴系误差和零值三部分构成。对于测距和测角数据,设备系统误差数学模型为

$$\begin{cases}\Delta R_f = R_0 + R_\tau \\ \Delta A_f = A_0 + (\beta\sin(A - A_M) + \delta)\tan E + (\lambda_{光机} + \lambda_{A光电})(\sec E - 1) \\ \Delta E_f = E_0 + \beta\cos(A - A_M) + k_g\cos E + \lambda_{E光电}\end{cases} \tag{3.8}$$

式中:R_0、A_0、E_0分别为测距、测角、零值;R_τ为合作目标应答机延时误差;β 为大盘倾斜的幅度;A_M为大盘最大倾斜方位角;$\lambda_{A光电}$和$\lambda_{E光电}$分别为光电轴方位、俯仰偏差量;δ 为俯仰轴和方位轴不正交量;$\lambda_{光机}$为光机轴偏差量;k_g为雷达天线重力下垂系数。

跟踪过程中引入的误差主要有定时误差、电波折射误差、电波传播时间误差等。对于测距和测角数据,过程误差数学模型为

$$\begin{cases}\Delta R_p = \Delta R_N + \Delta t\dot{R} + \dfrac{\Delta R}{c}\dot{R} \\ \Delta A_p = \Delta t\dot{A} + \dfrac{\Delta R}{c}\dot{A} \\ \Delta E_p = \Delta E_N + \Delta t\dot{E} + \dfrac{\Delta R}{c}\dot{E}\end{cases} \tag{3.9}$$

式中:ΔR_N、ΔE_N分别为电波折射引起的测距、俯仰角误差;Δt 为定时误差;$\dfrac{\Delta R}{c}$为电波传播时间误差。

3.2.3 典型空间目标监视雷达

在空间目标跟踪测量中,依据不同的功能需求,雷达设计也各不相同。国

际上常用的探测识别雷达有严重依赖引导的机械扫描跟踪雷达、具备搜索发现功能的搜索型雷达以及主要用于目标特别是小目标发现的电磁篱笆三类地基雷达。

1. 机械扫描跟踪雷达

利用整个天线系统或者其某一部分的机械运动来实现波束扫描的雷达称机械扫描跟踪雷达。机械性扫描的优点是简单;缺点是机械运动惯性大,扫描速度不高,难以快速捕获目标,只能跟踪测量单个目标。

为了实现全方位跟踪,机械扫描跟踪雷达天线通常安装在可以两维(方位、俯仰)机械旋转的天线座上。为了保证天线运转的动态性能和角度测量的准确性,跟踪雷达的天线座都具有比较复杂的机械和电气要求。其伺服系统是自动控制理论的典型应用,通过求解雷达天线和目标之间的角误差信号,控制天线精密跟踪飞行目标,并实时精确测量雷达机械轴的位置。

美国在安提瓜岛和靠近赤道的阿森松岛上部署的雷达均为典型的机械扫描跟踪雷达,安提瓜岛上配置有 AN/FPQ-14 单脉冲雷达,工作频率为 5400~5900MHz,作用距离为 1480km,天线为卡塞格伦圆形抛物面,直径为 8.8m。阿森松岛上部署了两部雷达:一部为 AN/PFQ-15 单脉冲精密跟踪雷达(主雷达),工作频率为 5400~5900MHz,抛物面直径为 8.5m;另一部 AN/FPQ-18 单脉冲精密跟踪雷达,工作频率为 5400~5900MHz,作用距离为 1100km。

2. 相控阵雷达

相控阵雷达是采用相控阵天线的雷达。相控阵雷达是一种电子扫描雷达。用电子方法实现天线波束指向在空间的转动或扫描的天线称为电子扫描天线或电子扫描阵列(ESA)天线。电子扫描天线按实现天线波束扫描的方法分为相位扫描(简称相扫)天线和频率扫描(简称频扫)天线,两者均可归入相控阵天线(PAA)的概念。

相控阵天线由多个在平面或任意曲面上按一定规律布置的天线单元(辐射单元)和信号功率分配/相加网络组成。天线单元分布在平面上的称为平面相控阵天线,分布在曲面上的称为曲面阵天线,每个天线上都设置一个移相器,用以改变天线单元之间信号的相位关系;天线单元之间信号幅度的变化通过不等功率分配/相加网络或衰减器来实现。在波束控制计算机控制下,改变天线单元之间的相位和幅度关系,可获得与要求的天线方向图相对应的天线口径照射函数,以及快速改变天线波束的指向和天线波束的形状。

相控阵雷达主要特点:能同时搜索、探测和跟踪不同方向和不同高度的多批目标,同时完成对多个目标的搜索跟踪、捕获、识别、引导、制导及战果评估等功能;能合理地管理能量和控制主瓣增益,利于实现自适应旁瓣抑制和自适应抗各种干扰;其快速扫描能力缩短了雷达对目标信号检测、录取、信息传递等所需的时间,具有较高的反应速度;其天线阵由众多阵元组成,即使其中一个或几个阵元不能发射或接收,也无碍于雷达整体性能,可靠性较高。

美国用于空间目标跟踪的专用设备主要是佛罗里达州的 AN/FPS－85 相控阵雷达,该雷达于 1967 年启用,是第一个用于空间监视的相控阵雷达,其发射阵面呈正方形,边长 30m,雷达工作频率为 442MHz,有效接收波束宽度为 0.8°,观察空域方位角为 102°、俯仰角为 105°,作用距离为 4000km,可同时跟踪 200 多个空间目标,每天可对数千个空间目标进行 10000 多次探测。

3. 电磁篱笆

电磁篱笆雷达系统来自连续波多基地雷达概念。由一台大功率发射机产生一个大扇形能量波束,通常称为电磁篱笆。在轨空间目标在穿过篱笆时会反射雷达发射的信号,多个接收站使用大型天线接收反射信号并作为干涉仪来确定目标到达角和角速度。通过几个站对同一空间目标的观测,来确定空间目标的位置。利用目标多次穿越篱笆,即可推出该目标的轨道。

美国海军空间监视系统于 1961 年建成,作为一套大型的无线电干涉仪,有 9 个雷达站分布在跨越美国南部形成的一个大圆上,此大圆相对赤道的倾角为 33.57°。电磁篱笆由 3 个发射站和 6 个接收站组成,空域监视屏布局选择在北纬 33°、西经 77.5°～120°,经度范围跨越 42.5°,可满足轨道倾角大于 33°的空间碎片探测,每天探测到 88% 的 10cm 以上中低地球轨道的空间碎片,10 天的观测量累计超过 17 万个弧线,覆盖约 95% 的中低地球轨道 10cm 以上空间碎片。

美国电磁篱笆的威力可达 24000km,其平均发射功率高达 767kW。该电磁篱笆在南北方向的天线阵列很长,因此发射波束在南北方向的宽度只有 0.02°,发射天线阵总增益理论上可达 70dB。为了进一步提高该电磁篱笆的效能,美国正在对其进行升级改造。升级改造的主要内容如下:将频率提升到 S 波段,以满足 10cm 以下空间碎片的观测需求;采用双屏实现一次穿越定轨。

美国空军新一代"太空篱笆"项目合同已于 2014 年 6 月签订。该项目是美军增强空间态势感知能力的核心。新"太空篱笆"将使用世界上最大的 S 波段相控阵雷达,重点对中低轨道上的数十万个目标进行无指示检测和跟踪。新"太空篱笆"第一个站点位于太平洋马绍尔群岛的夸贾林环礁,预计在 2018 年形成能力。与旧系统相比,新"太空篱笆"在覆盖范围、目标库容量、空间探测的精度和时效性方面都有较大改善,建成后将把空间目标探测发现工作提升到新的高度。

3.3 光电探测技术

3.3.1 光电测量基本原理

空间目标的观测可由无线电、雷达和光学测量等多种方法来实现,其中光学测量方法具有精度高、成本低等特点,特别是在高轨道空间目标的观测方面占有主导地位。光电观测技术优点:运行成本低、探测距离远且可探测对雷达隐身的卫星、测量精度高、对环境无污染。不足之处:受天光地影、天气影响严重,光电望远镜一般只能在晴夜工作,且低轨道目标的观测只适合晨昏观测。随着光电元器件技术、图像处理技术的发展,使得光学测量上升到了一个新的台阶,光电观测技术很快成为中高轨空间目标观测的主用手段。

1. 光电望远镜的光学系统结构

光电望远镜按照光学系统结构主要分折射式、反射式和折反式三种形式。

1）折射式结构

人类最早制造和使用的望远镜就是折射式望远镜。1608—1609 年, Hans Lipperhey、Jacob Metius 及 Zacharias Janssen 等人各自独立发明了折射式望远镜。意大利的 Galileo Galilei 首先研制出主体结构由物镜和目镜组成、放大倍率 30 倍的望远镜,并使用该设备发现了月球上的环形山以及木星的 4 颗主要卫星。折射式光电望远镜具有监视视场较大、星像的质量稳定、散射光影响小等优点,通常应用于天体测量和恒星天文及光电观测。折射式望远镜缺点是口径无法做大。

2）反射式结构

反射式望远镜根据焦点位置不同分为主焦点、牛顿焦点、卡塞格林焦点、Nasmyth 焦点及折轴焦点五种反射式结构。目前,大多数地平式反射望远镜是使用卡塞格林焦点、一个或两个 Nasmyth 焦点结构;赤道式反射望远镜经常使用卡塞格林焦点和折轴焦点结构。反射结构具有无色差、近紫外光和近红外光的损失小、通光口径大等特点。目前世界主流的望远镜都是反射式望远镜。

3）折反式结构

折射式望远镜视场大,但是口径无法做大。反射式望远镜口径可以做大,并且清晰度好,但是视场较小。因此产生了折反式望远镜,即在光学系统既存在折射现象又存在反射现象。施密特望远镜是最为普遍使用的。它的主镜是球面镜,改正镜是一个波浪形透镜,主镜口径一般是改正镜口径的 1.5 倍左右,并用改正镜的大小表示有效口径，因为通过改正镜进行改正过的光才是所需要的。目前，世界上最大的施密特望远镜主镜口径为 2m，改正镜口径为 1.34m，视场达到 3.4°×3.4°。

2. 光电望远镜的机架结构

空间目标观测用光电望远镜的机架结构一般分为赤道式、地平式和水平式，如图 3.1 所示。

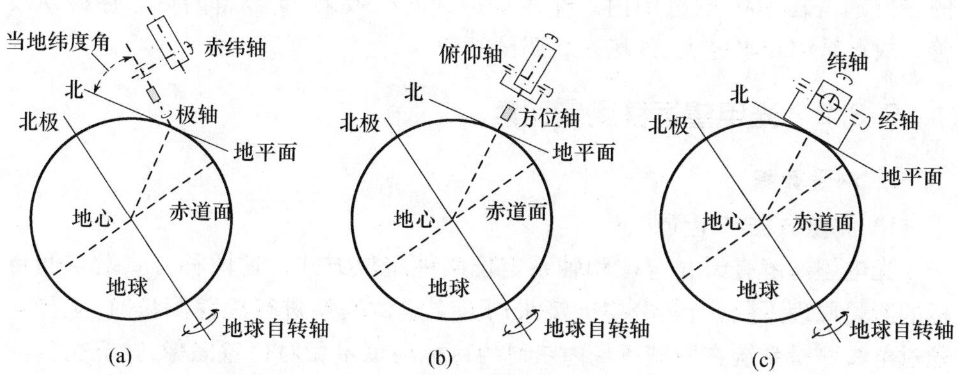

图 3.1　光电望远镜的机架结构
(a) 赤道式；(b) 地平式；(c) 水平式。

1）赤道式结构

赤道式结构具有两根互相垂直的旋转轴，极轴平行于天轴指向北极称，赤纬轴垂直于极轴，绕极轴和赤纬轴旋转可以使望远镜指向不同的时角和赤纬的天区，如图 3.1(a) 所示。赤道式结构的优点：一是天体的视运动可以很容易地利用赤经轴的匀速转动来补偿；二是跟踪区域覆盖所有天顶区，无天顶盲区。缺点：跟踪盲区在极区，机械结构复杂，外场安装复杂以及造价高。空间目标观测设备的研制一般不采用此结构形式。

2）地平式结构

地平式结构具有两根互相垂直旋转轴，一根是垂直于大地水平面的方位轴（也称竖直轴或垂直轴），另一根是平行于大地水平面的水平轴（也称俯仰轴）。视轴绕垂直轴与水平轴旋转能使望远镜指向不同的方位和高度，如图 3.1(b) 所示。地平式结构的优点：力学性能好，回转半径小，跟踪性能好及外场安装简单。缺点：在天顶有跟踪盲区，由于受望远镜转动速度和加速度的限制，当空间目标通过天顶时，其方位角可能瞬间变化 180°，任何地平式望远镜都无法完成随动，因此形成了围绕天顶点的一小块盲区，称为跟踪盲区。

3）水平式结构

水平式结构其有两根互相垂直的旋转轴，一根平行于南北方向称为经轴，另一根垂直于经轴称为纬轴。视轴绕着经轴和纬轴旋转，指向不同的天区，如图3.1(c)所示。水平式结构的优点：一是在观测条件最好的天顶位置没有跟踪盲区；二是当把设备的经度和纬度的零位定为天顶时，经纬轴工作在[−90°，+90°]范围内，即可覆盖空域中任一位置的运动目标。相比之下，地平式光电望远镜的方位轴需在360°的范围内工作才能达到同样效果，使设备的可靠性得到改善。缺点是回转半径大、外场安装调试复杂。

3.3.2 光电望远镜测量元素

1. 测量数据

1）测量数据与定位方式

光电望远镜有天文定位和轴系定位两种定位方式。这两种方式对空间目标的测量原理不同：当光电望远镜采用天文定位模型进行跟踪测量时，主要是通过电视测量系统在同帧视场内获得的目标与恒星相对位置图像，计算出目标的精确位置，并引导轴系定位测量电视跟踪；轴系定位测量电视系统主要是通过高精度的轴系定位，完成对目标的跟踪和高精度测量。

当光电望远镜采用不同的定位方式对空间目标进行跟踪测量时，望远镜测量的数据类型不同。地平式轴系定位下的测量数据为方位角 A 和俯仰角 E，天文定位定位下的测量数据为是赤经 α 和赤纬 δ。

2）测量数据转换

下面介绍上述两种测量数据之间的转换方法。假设测站经度为 λ、纬度为 φ，测站当地的恒星时为 θ，测站跟踪观测到某空间目标的距离、方位角和仰角分别为 ρ、A、E，那么空间目标相对于测站地平坐标系的位置矢量为

$$\boldsymbol{\rho}=\rho\cos E\sin A\hat{\boldsymbol{i}}+\rho\cos E\cos A\hat{\boldsymbol{j}}+\rho\sin E\hat{\boldsymbol{k}} \tag{3.10}$$

式中：$\hat{\boldsymbol{i}}$、$\hat{\boldsymbol{j}}$、$\hat{\boldsymbol{k}}$ 为测站基矢量。

测站地平坐标到地心赤道坐标的变换矩阵为

$$\boldsymbol{Q}_X=\begin{bmatrix}-\sin\theta & -\sin\varphi\cos\theta & \cos\varphi\cos\theta\\ \cos\theta & -\sin\varphi\sin\theta & \cos\varphi\sin\theta\\ 0 & \cos\varphi & \sin\varphi\end{bmatrix} \tag{3.11}$$

所以，测站赤道笛卡儿坐标系下该空间目标的位置矢量为

$$\boldsymbol{\rho}_X=\boldsymbol{Q}_X\boldsymbol{\rho}=\begin{bmatrix}-\sin\theta & -\sin\varphi\cos\theta & \cos\varphi\cos\theta\\ \cos\theta & -\sin\varphi\sin\theta & \cos\varphi\sin\theta\\ 0 & \cos\varphi & \sin\varphi\end{bmatrix}\begin{bmatrix}\rho\cos E\sin A\\ \rho\cos E\cos A\\ \rho\sin E\end{bmatrix}[\hat{i},\hat{j},\hat{k}] \tag{3.12}$$

测站赤道笛卡儿坐标系下目标观测矢量与测量赤经 α 和赤纬 δ 的关系为

$$\boldsymbol{\rho}_X = \rho\cos\delta\cos\alpha\hat{\boldsymbol{i}} + \rho\cos\delta\sin\alpha\hat{\boldsymbol{j}} + \rho\sin\delta\hat{\boldsymbol{k}} \tag{3.13}$$

比较上面两式即可得到赤经 α 和赤纬 δ 与方位角和俯仰角的关系为

$$\begin{cases}\sin\delta = \rho\cos E\cos A\cos\varphi + \rho\sin E\sin\varphi \\ \cos\delta\cos\alpha = -\sin\theta\cos E\sin A - \sin\varphi\cos\theta\cos E\cos A + \cos\varphi\cos\theta\sin E \\ \cos\delta\sin\alpha = \cos\theta\cos E\sin A - \sin\varphi\sin\theta\cos E\cos A + \cos\varphi\sin\theta\sin E\end{cases} \tag{3.14}$$

2. 定位的工作机理和特点

1）轴系定位的工作机理和特点

当采用轴系定位方式进行跟踪测量时，在目标进入望远镜光学视场后，利用伺服系统捕获并锁定目标进行跟踪，保证目标始终处于光学测量的视场内。目标相对于视场中心的偏差即脱靶量，同时测角元件测量出视场中心的方位角和俯仰角（地平坐标系中），与脱靶量共同合成目标的实际角位置。

轴系定位的特点：轴系定位的精度基本取决于望远镜轴系精度，所以对望远镜轴系加工精度要求较高，导致望远镜的研制成本较高，且由于受到大气折射改正误差的影响，低仰角观测时测量精度会受到影响；轴系定位的跟踪目标不存在拖长星像问题，曝光时间较长，也不需要区分快慢目标进行不同方式的跟踪；轴系定位计算简单，对计算机实时处理的要求不高，有利于提高测量数据的采样频率。

2）天文定位的工作机理和特点

天文定位是根据 CCD 图像上空间目标和定标恒星的相对位置，给出空间目标的位置信息的一种定位方式，是通过建立定标恒星的理想坐标和量度坐标之间映射关系来实现的。天文定位工作流程主要指建立实测星图、星像质心计算、星图快速匹配算法、定标恒星的理想坐标、CCD 图像处理模型、光电望远镜指向和空间目标位置的归算等。

天文定位的主要特点：天文定位的精度不受望远镜轴系误差和大气折射改正误差的影响，较轴系定位精度高；天文定位要求望远镜视场必须保证视场内有 3 颗以上的定标恒星；天文定位对计算机实时处理的要求较高，能在很短时间内根据望远镜指向和 CCD 上的星像位置，从星表中数百万颗恒星找出定标恒星，同时输出空间目标的天文定位结果。

3.3.3 光电望远镜测量数据建模

在光电望远镜跟踪空间目标的过程中，首先望远镜操控系统指挥望远镜指向预定天区，“凝视”于任务目标区域。当采用轴系定位测量时的工作模式时，望远镜采集图像后提取目标脱靶量，与望远镜编码器数值合成，再经综合误差修正给出最终的位置测量数据。当采用天文定位测量时的工作模式时，采用实时记录图像，然后结合星库信息分析计算对目标进行天文定位。下面分别论述轴系定位和天文定位模式下光电望远镜的测量模型。

1. 轴系定位测量模型

光电望远镜系统常用的定位方式是轴系定位，属于一种绝对式定位方法。假设望远镜成像 CCD 的中心坐标为(x_0,y_0)，空间目标图像的质心位置为(x_s, y_s)，CCD 图像比例尺为(S_x, S_y)，光电望远镜系统指向为(A_0, E_0)，结合目标脱靶量和望远镜指向信息，计算空间目标的方位A_s和俯仰角E_s如下：

$$\begin{cases} E_s = E_0 \pm (y_s - y_0) \times S_y \\ A_s = A_0 \pm (x_s - x_0) \times S_x / \cos E_s \end{cases} \tag{3.15}$$

式中："+"和"-"的选取与 CCD 图像上方位和仰角增大的方向有关。

地平坐标(A_s,E_s)与水平坐标(L,B)的转化关系式为

$$\begin{cases} E_s = \arcsin(\cos L \cos B) \\ A_s = \arctan(\sin L \cot B) \end{cases} \tag{3.16}$$

2. 天文定位测量模型

现代天文定位方法最早由 John 和 Jean 提出，后经由 Chris 和 Dustin 等人的发展形成。天文定位是根据 CCD 图像上空间目标和定标恒星的相对位置信息，计算得到空间目标位置，它是通过建立定标恒星的理想坐标(ξ,η)和量度坐标(x,y)之间映射关系来实现的。

1）星像匹配

星图匹配是实现高精度天文定位至关重要的环节之一，主要包括星表的选取、星图识别数据库的建立、星像质心计算、星图匹配算法等。

（1）星表的选取。恒星星表精度远高于观测设备的测量精度，选择星表时要求星表中包含足够的定标恒星，且全天分布均匀，常用的有 TRC、Tycho-1、Tycho-1 星表等。

（2）星图识别数据库的建立。星表库中恒星数量一般非常大，如 Tycho-2 星表中亮于 11 星等的恒星数达到 90 万颗。如果选取该星库中的所有恒星作为星图识别数据库，计算时将花费大量的检索时间，不利于星图识别和星图计算的快速实现，而且在实践中没有必要。在工程实践中，一般以该光电望远镜系统的探测极限星等作为一个条件来选取恒星，将望远镜能够观测到的部分恒星挑选出来做成一个子星表。此外，恒星识别数据库中也常常剔除角距小于某一给定值的恒星，这样既可以进一步减少定标恒星检索的时间，也能够进一步

降低定标恒星测量坐标的误差。

（3）星像质心计算。空间目标星像质心一般是通过处理实际观测的 CCD 图像得到的，由于空间目标光电观测设备 CCD 视场较大，数据处理实时性要求较高，空间目标和定标恒星的星像质心计算一般采用二维修正矩方法。

（4）星像快速匹配算法。常用的星图匹配算法有三角形匹配算法、多边形角距匹配算法和栅格算法等。三角形算法因其结构简单、单一计算量小，是目前使用最广泛、工程领域应用最广的算法。

2）CCD 图像处理模型

由于存在望远镜像差、CCD 安装偏差等误差因素，理想坐标与实际量度坐标间的关系无法精确严格地推导，通常使用多项式表示，即 CCD 图像处理模型。空间目标观测中使用的 CCD 图像处理模型一般有二常数模型、四常数模型、六常数模型、八常数模型、十常数模型、十二常数模型、二十常数模型，在量度坐标和理想坐标之间建立映射关系。

定标星的理想坐标（ξ_i, η_i）和赤道坐标（α_i, δ_i）是一一对应的，即

$$\begin{cases} \xi_i = \dfrac{\cos\delta_i \sin(\alpha_i - \alpha_0)}{\sin\delta_i \sin\delta_0 + \cos\delta_i \cos\delta_0 \cos(\alpha_i - \alpha_0)} \\ \eta_i = \dfrac{\sin\delta_i \cos\delta_0 - \cos\delta_i \sin\delta_0 \cos(\alpha_i - \alpha_0)}{\sin\delta_i \sin\delta_0 + \cos\delta_i \cos\delta_0 \cos(\alpha_i - \alpha_0)} \end{cases} \tag{3.17}$$

式中：（α_0, δ_0）为 CCD 图像中心对应的赤经、赤纬。

（1）二常数模型。一般需要 1 颗定标恒星，并假定 CCD 图像 x 轴和 y 轴两个方向的比例尺相同，以及理想坐标（ξ_i, η_i）和量度坐标（x_i, y_i）的夹角 θ 是已知的，则有

$$\begin{cases} \xi_i = a + \cos\theta x_i + \sin\theta y_i \\ \eta_i = d - \sin\theta x_i + \cos\theta y_i \end{cases} \tag{3.18}$$

（2）四常数模型。一般需要 2 颗以上定标恒星，并假定两方向的比例尺相同，则有

$$\begin{cases} \xi_i = a + bx_i + cy_i \\ \eta_i = d - ex_i + fy_i \end{cases} \tag{3.19}$$

（3）六常数模型。需要 3 颗以上的定标星，则有

$$\begin{cases} \xi_i = a + bx_i + cy_i \\ \eta_i = d - cx_i + by_i \end{cases} \tag{3.20}$$

上面三种模型主要考虑的是一阶线性效应，八常数模型、十常数模型等考虑了非线性差异，且采用多个未知变量来描述，因此所需要的定标恒星的数量

越多。需要说明的是,使用高阶的CCD图像处理模型,最终的空间目标定位精度未必优于使用低阶模型。这是因为,每个定标星的测量误差都将融合到最终的测量结果中,高阶模型需要定标星数目随阶数的增加而增加,在条件方程相同、已知量的随机误差相同的情况下,求解的未知数越多,解算值的精度越低。此外,使用高阶CCD图像处理模型,计算机处理时间也随之增加。因此,在实际工作中仅仅选取足够数目的定标星求解低阶CCD图像处理模型,在满足处理时间的需求的同时能达到预期的精度。

3)实时天文定位的计算步骤

(1)读取光电望远镜 L 轴和 B 轴码盘的数据,将光电望远镜指向换算为光电望远镜指向的天球坐标系数据(赤经和赤纬)。

(2)在光电望远镜指向(赤经和赤纬)附近,快速检索星表,找出CCD视场中的定标恒星。

(3)根据光电望远镜指向和CCD相机比例尺,计算每个恒星星像的实测赤道坐标。

(4)对定标恒星的理论赤道坐标和实测赤道坐标进行匹配,得到定标恒星的测量坐标。

(5)通过CCD图像处理,得到空间目标的量度坐标。

(6)利用定标恒星的建立CCD图像处理模型。

(7)利用CCD图像处理模型和空间目标的测量坐标,计算空间目标的赤经和赤纬。

3.3.4 望远镜的测量误差及补偿技术

光电望远镜系统的测量误差是指望远镜对空间目标的角度测量值与真值的偏离程度。总的看来,影响望远镜测量精度的因素有静态测量误差源和动态测量误差源两种。在望远镜静止状态下,由于制造工艺、装配和调整使用等因素,导致测量值存在误差,当望远镜跟踪运动目标时,又受机械变形和随机因素的影响,测量值误差会更大。其中,静态测量误差源主要有垂直轴倾斜误差、水平轴倾斜误差、照准轴误差、零位差、定向差、光学系统几何畸变失真引起的误差、蒙气差等。动态测量误差源是电视动态测量引起的动态误差和其他动态变形引起的误差,主要有仪器跟踪运动误差、CCD脱靶量输出滞后误差、大气抖动引起的误差、视轴晃动误差和其他随机误差等。按误差性质,上述各项误差又分为系统误差和随机误差。系统误差的绝大部分可进行调整或修正,但经修正后仍留有残差。随机误差具有随机性,不能修正,可以通过测量数据的平滑处理，使其影响减小。

1. 静态误差

1）轴系误差

望远镜工作时，其轴系必须满足一定的条件，如垂直轴线必须与水平面垂直、水平轴线必须与垂直轴线垂直等。由于受制造工艺、装配和调整使用等因素的限制，实际上仪器的三轴不能完全满足上面的理想条件，因此客观上存在着因轴线不准确引起的测量误差，即轴系误差。轴系误差包括垂直轴倾斜误差、水平轴倾斜误差、照准轴误差等。这些误差一部分是因调整引起的常量系统误差，另一部分是仪器旋转运动时出现的变化量，即随机误差。

2）编码器误差

俯仰和方位轴角编码器是光电望远镜的精密测角器件，编码器误差是指编码器安装到水平轴与垂直轴上后产生的与光轴不一致的安装和调整误差，即水平轴编码器的零位差和垂直轴上方位编码器的定向差。它包括刻划误差、码盘偏心误差、光电转换误差等。它们影响测量值的真实性，从而影响测量精度，必须加以修正。

3）电视脱靶量静态测量误差

电视脱靶量是指目标像点在靶面坐标系中相对坐标原点的偏差量。电视脱靶量测量误差主要包括目标在CCD传感器中的量化误差、细分误差、拖尾误差、光学系统的焦距误差等。CCD摄像机的扫描行间距是测量目标像点的最小单位，因此摄像机的角分辨率限制了电视脱靶量的测量精度。

4）电视脱靶量纯滞后误差

电视摄像机工作时，靶面图像信息是以光栅扫描方式从上到下、从左到右逐个像元读出。一般情况下，从时统采样开始到脱靶量送出正好滞后一帧，但是如果有其他滞后环节存在，如电视摄像机本身惰性产生的信号传输滞后，造成脱靶量滞后时间变化。电视跟踪测量的数据是编码器与电视脱靶量的合成，由于电视脱靶量的纯滞后，使得合成的数据必然存在误差。

5）蒙气差的影响

光电精密望远镜在观测空间目标时，由于大气折射，观测者看到的目标方向与目标的真实方向不同，这个方向差称为蒙气差。俯仰角越小，蒙气差越大；温度气压改变，蒙气差大小也就不同。蒙气差是影响空间目标测量精度的一个重要因素，目前采用的蒙气差理论公式是根据空气密度随地面距离的变化以及随外界条件而变化的各种假设所得到的，在精密观测中，需要进一步对蒙气差进行精密修正。

6）其他静态误差

其他的静态误差包括坐标不一致引起的误差，光学系统的光轴与 CCD 靶面的光电轴不重合引起误差，CCD 靶面的水平坐标轴、垂直轴与光学系统不重合引起的误差等。

2. 动态误差

1）仪器跟踪运动误差

在光电望远镜跟踪目标时，转台旋转必然带来结构变形、仪器移位、轴系弯曲等现象，进而使轴系和光电编码器产生动态误差增量。这些误差属于随机误差，主要误差有基座调节误差、竖轴和横轴晃动误差、竖轴和横轴光电编码器测量误差、竖轴和横轴光电编码器零位误差、竖轴和横轴光电编码器联轴节误差、望远镜视轴上下安置误差、照准差的误差（视轴方位角的晃动）、视轴俯仰角晃动误差等。

2）时间采样不同步误差

在电视实时动态测量系统中，大多采用行、场两个方向计数方法测量视场中的目标位置。采样不同步误差是由于电子束扫描到目标像点的时刻与系统采样时刻不一致造成的。电视实时测量系统是一个采样系统，对各种数据，如时间信息、目标像点信息、仪器位置（摄像管靶面中心位置）等必须在统一的时刻采集。一般情况是用帧同步脉冲前沿作采样脉冲，对前一帧数据进行采集，称帧终采样或终端采样。在动态测量中目标像点在摄像管靶面上不断运动，一个脉冲时间内像点运动的距离便是动态测量中的采样不同步误差。

3）光学系统的视轴晃动误差

引起光学系统视轴晃动的原因如下：

（1）运动的光学元件（如调光变密度盘、调焦透镜等）。

（2）太阳的单面照射或金属材料热膨胀系数不同等因素造成的热变形，引起光学系统镜筒或光学零件变形或微移动。

（3）镜筒在俯仰运动过程中质量重新分配，使望远镜镜筒结构发生变形。

（4）由于轴承之间有间隙，水平轴在水平面内会产生随机晃动。

4）大气抖动引起的误差

大气抖动会造成目标像点的弥散，从而影响目标在 CCD 靶面上位置提取的准确性，导致位置提取误差。光电望远镜电视测量时，大气抖动会引起像位置的随机起伏、像光密度的随机起伏、产生比没受大气抖动影响的成像系统更大的像或更不规则的弥散圈。大气抖动是一个复杂的问题，它受自然气象条件的变化影响较大，还受地点、季节、环境条件等影响。一般经验选取一个恰当值作为大气抖动所造成的随机误差均方根值。

5）其他误差

除上述讨论的影响测量精度的主要误差因素外，还有一些影响较小的因素，不做进一步的讨论。例如，地基受环境温度影响产生的变化，计数脉冲的稳定性，外界电场、磁场、热噪声等带来的随机干扰，等等，这些也会带来误差。

3. 测角误差模型

单台望远镜对空间目标进行测量时只能给出望远镜对空间目标的视向角度，即望远镜光学系统的主点和空间目标的连线与测量坐标系的各坐标轴之间的夹角。产生这一夹角测量误差的各误差源对望远镜而言随望远镜的结构不同而异。下面以地平式跟踪望远镜为例分析望远镜测角误差的误差源及其计算方法。

望远镜测角误差是指测量空间目标时在某一瞬间测得的目标角位置和这一瞬间目标的实际角位置之差。

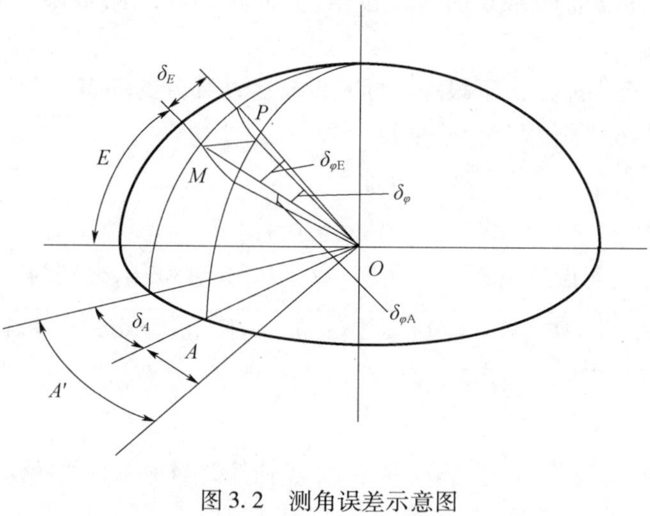

图 3.2　测角误差示意图

如图 3.2 所示，O 为测站站点，OP 为设备的视轴方向，OM 为目标的视向，δ_φ 为望远镜的测量误差角，其在水平方向和俯仰方向的分量为

$$\delta_{\varphi A} = \delta_A \cos E, \delta_{\varphi E} = \delta_E$$

式中：δ_A 为方位角测角误差；δ_E 为俯仰角测角误差。

$\sigma_{\varphi A}$、$\sigma_{\varphi E}$ 又由多个误差组成：

$$\begin{cases} \sigma_{\varphi A} = \sqrt{\sum_{i=1}^{i=n} (K_i K'_i \delta_{Ai})^2} \\ \sigma_{\varphi E} = \sqrt{\sum_{j=1}^{j=m} (K_j K'_j \delta_{Ej})^2} \end{cases} \tag{3.21}$$

式中：δ_{Ai}、δ_{Ej}分别为第 i 项方位角误差和第 j 项俯仰角误差的极限值；K_i、K_j和 K'_i、K''_j分别为第 i、j 项的概率系数和误差传递系数。

测量误差角为

$$\begin{aligned}\sigma_{\varphi} &= \sqrt{\sigma^2_{\varphi\cdot A} + \sigma^2_{\varphi\cdot E}} = \sqrt{\sum_{i=1}^{i=n}(K_iK'_i\delta_{Ai})^2 + \sum_{j=1}^{j=m}(K_jK'_j\delta_{Ej})^2} \\ &= \sqrt{\sum_{i=1}^{i=n}(K'_i\sigma_{Ai})^2 + \sum_{j=1}^{j=m}(K'_j\sigma_{Ej})^2}\end{aligned} \tag{3.22}$$

跟踪式光学测量设备的测角误差由静态误差和动态误差组成：

$$\begin{aligned}\sigma_{\varphi} &= \sqrt{\sigma^2_{A} + \sigma^2_{E}} \\ \sigma_{A} &= \sqrt{\sigma^2_{AS} + \sigma^2_{AD}} \\ \sigma_{E} &= \sqrt{\sigma^2_{ES} + \sigma^2_{ED}}\end{aligned} \tag{3.23}$$

式中：σ_{AS}、σ_{ES}和 σ_{AD}、σ_{ED}分别为方位角、俯仰角的静态测角误差和动态测角误差。

设备的动态误差是由于跟踪目标时设备运动部分的动态载荷造成的误差。其估算较困难，一般按经验公式估算：

$$\begin{aligned}\sigma_{AD} &= K_A\sigma_{AS} \\ \sigma_{ED} &= K_E\sigma_{ES}\end{aligned}$$

式中：K_A、K_E为动态误差系数，一般取 1.15～1.5；σ_{AS}和 σ_{ES}分别为

$$\begin{cases}\sigma_{AS} = \sqrt{[(1/2)\cdot\tan E\cdot\sigma_V]^2 + [(1/\sqrt{2})\cdot\tan E\cdot\sigma_i]^2 + (\sigma_C/\cos E)^2 + \sigma^2_R + (\sigma_P/\cos E)^2} \\ \sigma_{ES} = \sqrt{[(1/2)\sigma_V]^2 + \sigma^2_{CV} + \sigma^2_R + \sigma^2_P}\end{cases} \tag{3.24}$$

式中：E 为设备俯仰角；σ_V 为竖轴误差，即竖轴偏离当地铅垂线的角度。

$$\sigma_V = \sqrt{\sigma^2_{V1} + \sigma^2_{V2} + \sigma^2_{V3}}$$

式中：σ_{V1} 为竖轴调平误差，$\sigma_{V1} = \tau/10\sqrt{2}$（$\tau$ 为调平水泡格值）；σ_{V2} 为竖轴晃动（对于滚珠轴承轴系而言，指平导轨止推轴承的竖轴晃动），$\sigma_{V2} = K'\Delta h\rho/\sqrt{2}D$（$\Delta h$ 为止推轴承的端面不平度，K' 为负载变形系数，$K' = 0.4 \sim 0.96$，$\rho = 2\times10^5$），D 为止推轴承环的中径，σ_{V3} 为竖轴随机晃动，对于滚珠轴承轴系而言，它取决于钢球尺寸差、不圆度和止推轴承环不平度的三次以上分量；σ_i 为横轴误差，即横轴与竖轴的不垂直度，且有 $\sigma_i = \sqrt{\sigma^2_{i1} + \sigma^2_{i2} + \sigma^2_{i3}}$，$\sigma_{i1}$ 为横轴对竖轴的不垂直度，σ_{i2} 为横轴在垂直平面内的系统晃动，对于滚珠轴承轴系而言，有 $\sigma_{i2} = K''\Delta D\rho\sqrt{2}/L$（$\Delta D$ 为轴颈不圆度，L 为横轴两支点间的距离，K''为负载变形系数，

$K''=0.4\sim0.96$），σ_{i3}为横轴在垂直平面内的随机晃动，对于滚珠轴承轴系而言，有 $\sigma_{i3}=2(\Delta d+\Delta P)\rho/(3L)$（$\Delta d$ 为滚珠尺寸差，ΔP 为滚珠不圆度）；σ_C 为视轴误差，即在视轴与横轴平面内两轴的不垂直度，$\sigma_C=\sqrt{\sigma_{C1}^2+\sigma_{C2}^2+\sigma_{C3}^2+\sigma_{C4}^2+\sigma_{C5}^2}$，$\sigma_{C1}$为照准差，取决于其测量误差，$\sigma_{C2}$为横轴变形引起的视轴系统晃动，$\sigma_{C3}$为视轴在与横轴构成的平面内的系统晃动，$\sigma_{C4}$为视轴在与横轴构成的平面内的随机晃动，$\sigma_{C5}$为由于光学元件及十字丝变动引起的视轴变化；$\sigma_{CV}$为视轴在垂直于横轴截面内的晃动；$\sigma_R$ 为测角器误差，即测角器在方位和高低方向上的误差，$\sigma_R=\sqrt{\sigma_{R1}^2+\sigma_{R2}^2+\sigma_{R3}^2+\sigma_{R4}^2}$，$\sigma_{R1}$为测角器零位差，$\sigma_{R2}$为测角器测量误差，$\sigma_{R3}$为测角器联轴节传动误差，$\sigma_{R4}$为测角器联轴节扭旋变形引起的零位差；$\sigma_P$ 为脱靶量测量误差，即胶片或 CCD 上目标位置判读误差，使用胶片记录时脱靶量测量误差 $\sigma_P=\sqrt{\sigma_{P1}^2+\sigma_{P2}^2+\sigma_{P3}^2}$，$\sigma_{P1}$为焦距误差，$\sigma_{P2}$为判读仪位置测量误差，$\sigma_{P3}$为瞄准误差，使用 CCD 进行测量时脱靶量测量误差 $\sigma_P=\sqrt{\sigma_{P1}^2+\sigma_{P2}^2+\sigma_{P3}^2+\sigma_{P4}^2}$，$\sigma_{P1}$为焦距误差，$\sigma_{P2}$为形心提取原点误差，$\sigma_{P2}=\Delta''/(2\sqrt{3})$（$\Delta''$为 CCD 像元角分辨率，$\Delta''=(\Delta/f)\times2\times10^{-5}$），$\sigma_{P3}$为形心提取目标位置误差，$\sigma_{P3}=\Delta''/(2\sqrt{3})$，$\sigma_{P4}$为 CCD 安装时的坐标旋转误差。

4. 误差补偿技术

为了准确测量目标的位置，需要精确确定望远镜系统的轴系误差和读数系统误差，一般采用对多颗恒星拍摄的方法进行误差计算和补偿。常用的误差补偿技术包括最小二乘系统误差修正方法和球谐函数系统误差修正方法。其中，最小二乘系统误差修正方法主要考虑轴系误差、定向差和零位差等对测角精度影响比较大的几项系统误差，修正函数中的参数较少且不能改变，难以实现对系统误差较为全面的修正。而球谐函数系统误差修正方法不具体考虑各参数的物理意义，只根据对系统误差曲线的拟合程度来选择参数的多少，理论上可以实现无限度的逼近。所以，在光电跟踪系统的系统误差修正中，只要合理选择参数，球谐函数的系统误差修正方法会比最小二乘系统误差修正方法有更高的精度。下面介绍球谐函数系统误差修正方法。

系统误差是与望远镜位置状态有关的量，是位置的函数。用 A、E 表示方位及俯仰角，用函数 f_A、f_B表示偏差，则有

$$\begin{cases}\Delta A=f_A(A,E)\\ \Delta E=f_B(A,E)\end{cases} \tag{3.25}$$

式中：f_A、f_B为指向修正函数，它们是在球面上的连续函数。

对全天分布的星体测量出恒星的观测位置 A_0、E_0，及由星历表计算出的恒

星位置A_C、E_C，可得到望远镜在各个方向上的指向偏差，即

$$\begin{cases}\Delta A = A_0 - A_C \\ \Delta E = E_0 - E_C\end{cases}$$

将这些分布在半球上的离散值进行拟合可得到修正函数$f_A(A,E)$、$f_B(A,E)$，这些修正函数可用球谐函数表示。望远镜的指向系统误差在不同俯仰角时是随俯仰角变化的复杂函数，所以球谐函数需用高次项拟合。选用一个带谐项到4阶和相应各阶都只有一次的球谐函数，其表达式为

$$F(\theta,\lambda) = \sum_{n=0}^{\infty}\{A_n^0 \mathrm{P}_n(\cos\theta) + \sum_{m=1}^{n}[A_n^m \cos m\lambda + B_n^m \sin m\lambda]\mathrm{P}_n^m(\cos\theta)\} \tag{3.26}$$

式中：$\mathrm{P}_n(\cos\theta)$为勒让德多项式，且有

$$\mathrm{P}_n(\cos\theta) = \frac{1}{2^n \cdot n!} \cdot \frac{d^n}{d(\cos\theta)^n}(\cos^2\theta - 1)^n \tag{3.27}$$

$\mathrm{P}_n^m(\cos\theta)$为连带勒让德多项式，且有

$$\mathrm{P}_n^m(\cos\theta) = (-1)^m (1-\cos^2\theta)^{m/2} \cdot \frac{d^m}{d''(\cos\theta)^m}\mathrm{P}_n(\cos\theta) \tag{3.28}$$

简化$F(\theta,\lambda)$并做相应的截断得到望远镜在方位及俯仰角两个方向上的系统误差修正函数为，即

$$\begin{cases} f_A(A,E)\sin E = \Delta A \sin\theta = fA_0 + A_1\cos E + A_2\cos A\sin E + A_3\sin A\sin E + A_4\cos^2 E \\ \qquad + A_5\cos A\sin E\cos E + A_6\sin A\sin E\cos E + A_7\cos^3 E \\ \qquad + A_8\cos A\sin E\cos^2 E + A_9\sin A\sin E\cos^2 E + A_{10}\cos^4 E \\ \qquad + A_{11}\cos A\sin E\cos^3 E + A_{12}\sin A\sin E\cos^3 E \\ f_E(A,E) = \Delta E = B_0 + B_1\cos E + B_2\cos A\sin E + B_3\sin A\sin E + B_4\cos^2 E \\ \qquad + B_5\cos A\sin E\cos E + B_6\sin A\sin E\cos E + B_7\cos^3 E \\ \qquad + B_8\cos A\sin E\cos^2 E + B_9\sin A\sin E\cos^2 E + B_{10}\cos^4 E \\ \qquad + B_{11}\cos A\sin E\cos^3 E + B_{12}\sin A\sin E\cos^3 E \end{cases} \tag{3.29}$$

式中：A_i、B_i为系数（$i=0,1,2,\cdots,12$）。

测量30颗以上在方位角和俯仰角上均匀分布的恒星，获得星体在观测时刻的理论值和测量值。

30颗以上恒星的测量值可构成非线性方程式组：

$$\begin{cases}\boldsymbol{AX}_A = \boldsymbol{L}_A \\ \boldsymbol{AX}_B = \boldsymbol{L}_B\end{cases} \tag{3.30}$$

$$A=\begin{bmatrix} a_{1,1} & a_{1,2} & \cdots & a_{1,13} \\ a_{2,1} & a_{2,2} & \cdots & a_{2,13} \\ \vdots & \vdots & & \vdots \\ a_{N,1} & a_{N,2} & \cdots & a_{N,13} \end{bmatrix}$$

$$X_A=\begin{bmatrix} A_0 \\ A_1 \\ \vdots \\ A_{13} \end{bmatrix}, L_A=\begin{bmatrix} \Delta A_0 \\ \Delta A_1 \\ \vdots \\ \Delta A_{13} \end{bmatrix}$$

$$X_B=\begin{bmatrix} B_0 \\ B_1 \\ \vdots \\ B_{13} \end{bmatrix}, L_B=\begin{bmatrix} \Delta E_0 \\ \Delta E_1 \\ \vdots \\ \Delta E_{13} \end{bmatrix}$$

其中

$$a_{i,1}=1, a_{i,2}=\cos E_i, a_{i,3}=\cos A_i \sin E_i, a_{i,4}=\sin A_i \sin E_i$$

$$a_{i,5}=\cos^2 E_i, a_{i,6}=\cos A_i \cos E_i \sin E_i, a_{i,7}=\sin A_i \cos E_i \sin E_i$$

$$a_{i,8}=\cos^3 E_i, a_{i,9}=\cos A_i \sin E_i \cos^2 E_i, a_{i,10}=\sin A_i \sin E_i \cos^2 E_i$$

$$a_{i,11}=\cos^4 E_i, a_{i,12}=\cos A_i \sin E_i \cos^3 E_i, a_{i,13}=\sin A_i \sin E_i \cos^3 E_i$$

式中：$i=1,2,\cdots,N$，N 为被测恒星数目。

解非线性方程组：

$$\begin{cases} AX_A = L_A \\ AX_B = L_B \end{cases}$$

求得函数 $f_A(A,E)$、$f_B(A,E)$ 的系数 X_A、X_B，后即可获得观测值的均方差。

在测量数据的采用中还需对恒星数据进行预处理，即舍弃有粗大误差的恒星数据，观测值的均方差为

$$\delta_0 = \sqrt{\left(\sum_{i=1}^{M} V^2_{Ai} + \sum_{i=1}^{M} V^2_{Ei}\right)/(M-t)} \tag{3.31}$$

式中：M 为剔除粗大误差恒星后的可用星体数；t 为未知数的个数，$t=13$；V_{Ai}、V_{Ei} 为计算方位角和俯仰角的残差，且有

$$\begin{cases} V_{Ai} = f_A(A_i, E_i)/\sin E_i - \Delta A_i \\ V_{Ei} = f_E(A_i, E_i) - \Delta B_i \end{cases} \tag{3.32}$$

用球谐函数进行望远镜系统误差的修正经实践证明是行之有效的。在望远镜观测中，利用球谐函数进行误差修正可使望远镜的指向误差最佳可达到 2″

左右(测恒星)。

3.4 测量数据公共修正模型

测量模型是建立观测站与空间目标之间测量几何的解析表达式和建立对观测数据系统误差进行修正的数学模型,并给出观测量对各有关参数的偏导数。测量数据本身也不是十分精确的,各种测量数据都不可避免地带有随机误差和系统误差。

3.4.1 各测量元素对空间目标位置偏导数

测量数据类型主要有距离测量、角度测量、距离变化率测量等,使用空间目标的状态矢量 $\boldsymbol{r}$ 和 $\dot{\boldsymbol{r}}$ 可以计算上述各种类型的观测数据。将测量数据的理论计算值记为 C,则有

$$C = G(t,\boldsymbol{r},\dot{\boldsymbol{r}},\boldsymbol{R}) \tag{3.33}$$

式中:$\boldsymbol{r}$、$\dot{\boldsymbol{r}}$ 为空间目标的运动状态矢量;$\boldsymbol{R}$ 为观测站的位置矢量。

考虑到观测数据的系统误差,式(3.33)可写为

$$C = G(t,\boldsymbol{r},\dot{\boldsymbol{r}},\boldsymbol{R}) + \Delta C + \Delta C_{c} + \Delta \dot{C}T \tag{3.34}$$

式中:ΔC 为所考虑的系统误差的总和,且有

$$\Delta C = \Delta C_{TR} + \Delta C_{IO} + \Delta C_{RL} + \Delta C_{RT} + \Delta C_{OF} + \Delta C_{EC} \tag{3.35}$$

式中:ΔC_{TR}为对流层折射修正;ΔC_{IO}为电离层折射修正;ΔC_{RL}为广义相对论效应对光行时间的影响,从而引起的距离修正;ΔC_{RT}为太阳引力势效应和地心站坐标的劳仑兹效应对距离测量的修正;ΔC_{OF}为空间目标发射天线相对于空间目标质心的偏置修正;ΔC_{EC}为观测站偏心修正。

式(3.34)中的最后两项系统误差称为偏置误差。其中,ΔC_{c} 为偏置误差中随时间线性变化的部分。对于弧段相关参数,时间 T 由本弧段的开始时间开始计算;对于非弧段相关参数,时间 T 由空间目标运动状态矢量的历元时刻开始计算。

下面主要给出对流层折射误差、电离层误差、广义相对论效应误差和垂线偏差的修正方法。

3.4.2 对流层折射误差修正

对流层是大气层的最底层。高度 60km 以下,大气密度大,成分复杂,由多种气体(氮气、氧气、氢气、二氧化碳等中性粒子)与水蒸气混合而成。不同的对

流层范围划定主要取决于温度与垂直温度梯度。其高度从赤道向两极逐渐下降,而且在紧靠赤道附近存在小的不连续。

电磁波通过对流层时传播速度将发生变化,路径也将产生弯曲,即为对流层折射效应。无线电信号通过对流层时会使距离产生偏差,这种现象称为对流层折射误差。在天顶方向,对流层大气引起的距离折射误差可达2~3m,在3°仰角时,可达30~40m。

对流层折射误差修正方法有很多种,常见的有球面分层算法、映射函数法、三维射线追踪法等。工程上常用如下误差修正处理方法。

1. 对流层仅有测角数据的处理

利用实测气象数据,根据简易模型对俯仰角进行大气折射修正。修正公式为

$$E = E_{\mathrm{C}} - \Delta E_{\mathrm{N}} \tag{3.36}$$

其中

$$\Delta E_{\mathrm{N}} = N_{\mathrm{S}}^{0} \cot E_{\mathrm{C}}$$

$$N_{\mathrm{S}}^{0} = \frac{77.6}{T}\left(P + \frac{4810 \times P_{\mathrm{e}}}{T}\right) \times 10^{-6}$$

$$T = T_0 + t$$

$$P_{\mathrm{e}} = 6.1078 \times 10^{\frac{7.63t}{241.9+t}} \times U$$

式中:T 为热力学温度;$T_0 = 273.15$℃;t 为地面温度(℃);U 为地面相对湿度(%);P 为地面大气压(hPa);P_{e} 为地面水气压(hPa)。

2. 对流层同一时刻既有测角也有测距数据的处理

利用实测气象数据对测距和俯仰角进行修正,修正公式为

$$R'_{\mathrm{n}} = R_{\mathrm{n}} - \Delta R_{\mathrm{n}} \tag{3.37}$$

其中

$$\Delta R_{\mathrm{n}} = N_{\mathrm{S}}^{0} \csc E_{\mathrm{C}} (1 - \mathrm{e}^{-20000C}) / C$$

$$E = E_{\mathrm{C}} - \Delta E_{\mathrm{N}}$$

$$\Delta E_{\mathrm{N}} = N_{\mathrm{S}}^{0} \cot E_{\mathrm{C}} - \frac{N_{S}^{0}(R + R_0 \sin E_{\mathrm{C}}) \cos E_{\mathrm{C}}}{C R R_0 \sin^3 E_{\mathrm{C}}}(1 - \mathrm{e}^{-20000C})$$

$$N_{\mathrm{S}}^{0} = \frac{77.6}{T}\left(P + \frac{4810 \times P_{\mathrm{e}}}{T}\right) \times 10^{-6}$$

$$T = T_0 + t$$

$$P_{\mathrm{e}} = 6.1078 \times 10^{\frac{7.63t}{241.9+t}} \times U$$

式中:C 为大气折射率,取统计平均值 $1.4142 \times 10^{-4}\mathrm{m}^{-1}$。

3.4.3 电离层折射误差修正

电离层是指地球上空距地面高度60～1000km的大气层。电离层中的气体分子由于受到太阳等天体各种射线的辐射，产生强烈的电离，形成大量的自由电子和正离子。电离层的电离强度可由总电子含量的变化来描述，它是不稳定的，与太阳耀斑爆发、太阳黑子数、磁暴、地磁及其变化密切相关，对通信、导航、雷达及航空航天都有影响。电离层延迟量与信号传播路径上的电子总含量成正比，与信号频率成反比，频率越高，电离层影响越小。

国内外学者不断地致力于电离层传播效应的修正研究，总结提出了不同的电离层延迟修正方法和模型。早在20世纪70年代就提出用双频改正电离层延迟误差，并不断提出不同的电离层改正模型。目前，各卫星导航系统、差分增强系统采用的电离层延迟修正方法有所不同，总体而言，以差分改正法、双/多频改正法、电离层经验模型法及IONEX格式全球电离层模型应用最为广泛。

目前各电离层延迟修正方法中双频改正法是应用最广泛的。双频改正法能达到很好的修正精度，一般可修正电离层影响至90%左右。三频改正法理论上是电离层延迟修正精度最高的方法，但要求观测精度很高。

在双频观测中，可以利用双频观测量组合来进行电离层误差修正。双频方法利用双频观测结果的差值，分别估算出L1和L2频率上的电离层延迟。

对于码观测量，有

$$\begin{cases}\delta\rho_{L1}=(\rho_2-\rho_1)f_2^2/(f_1^2-f_2^2)\\ \delta\rho_{L2}=(\rho_2-\rho_1)f_1^2/(f_1^2-f_2^2)\end{cases}\tag{3.38}$$

式中：f_1、f_2为双频载波频率；ρ_1、ρ_2为两个频率的码观测量；$\delta\rho_{L1}$和$\delta\rho_{L2}$为两个频率的电离层延迟。

对于载波观测量，有

$$\begin{cases}\delta\rho_{L1}=(\rho_2-\rho_1)f_1^2/(f_1^2-f_2^2)\\ \delta\rho_{L2}=(\rho'_1-\rho'_2)f_1^2/(f_1^2-f_2^2)\end{cases}\tag{3.39}$$

式中：ρ'_1、ρ'_2分别为两个频率的载波观测量。

由于多频观测数据必须通过形成电离层无关线性组合观测校正电离层的影响，这在削弱电离层延迟影响的同时放大了观测噪声、多路径残差等的影响。多频电离层延迟修正的精度不仅取决于观测量的频点数和各频点值及其间隔，还与伪距精度、采用的修正方法以及电离层高阶项延迟量等因素的影响有关。采用双频修正要尽量选取频率间隔大、伪距误差小的两组数据。双频修正法能修正掉90%以上的电离层延迟误差并引入较小的观测噪声，计算简单且硬件要求低,易于工程实现。

工程上可采用GNSS全球观测网对全球电离层实测数据基础上生成电离层延迟改正模型,以GPS导航电文中的电离层模型参数 α_i、β_i($i=0,1,2,3$)作为输入参数。电离层折射误差的计算过程如下:

(1) 任意时刻 t 天顶方向($E=90°$)的电离层延迟:

$$T_g = \mathrm{DC} + A\cos[2\pi(t' - T_p)P] \tag{3.40}$$

$$\begin{cases} A = \sum\limits_{i=0}^{3} \alpha_i \varphi_m^i \\ P = \sum\limits_{i=0}^{3} \beta_i \varphi_m^i \end{cases} \tag{3.41}$$

式中:DC为晚间电离层延迟,取值5ns;T_p 为最大电离层延迟所对应的地方时,取值50400s;P 为电离层延迟函数周期(s);A 为电离层延迟函数振幅(s);φ_m 为电离层 K' 点(扩频设备 K 至空间目标的连线与中心电离层的交点)的地磁纬度;t' 为对应观测时刻 t 时 K' 点的时角。

(2) 扩频设备 K 与 K' 点的地心夹角:

$$E_A = \frac{445}{E+20} - 4 \tag{3.42}$$

式中:E 是扩频设备 K 观测空间目标的仰角。

(3) K' 点的地心经、纬度:

$$\begin{cases} \varphi_{K'} = \varphi_K + E_A \cos\alpha \\ \lambda_{K'} = \lambda_K + E_A \sin\alpha / \cos\varphi_{K'} \end{cases} \tag{3.43}$$

式中:φ_K、λ_K 为扩频设备 K 的地心纬度和经度;α 为扩频设备 K 观测空间目标的方位角。

(4) K' 点的地方时:

$$t' = (\mathrm{UT} + \lambda_{K'}/15) \times 3600(\mathrm{s}) \tag{3.44}$$

式中:UT为观测时刻 t 对应的世界时。

(5) K' 点的地磁纬度:

$$\varphi_m = \varphi_{K'} + 11.6\cos(\lambda_{K'} - 291°) \tag{3.45}$$

(6) 任意时刻 t 仰角为 E 的观测方向电离层延迟:

$$T'_g = \mathrm{SF} \cdot T_g = \{1 + [2(96° - E)/90°]^3\} \cdot T_g \cdot f_{\mathrm{GPS}}^2 \cdot f_{\mathrm{KP}}^{-2} \tag{3.46}$$

式中:SF为倾斜因子;f_{GPS} 为信号工作频率,$f_{\mathrm{GPS}} = 1575.42\mathrm{MHz}$;$f_{\mathrm{KP}}$ 为扩频设备的工作频率,取下行频率2282.4MHz。

在事后数据处理精确修正中,可以使用IGMAS公布的全球电离层延迟模型[103],这里不再赘述。

3.4.4 广义相对论效应误差修正

根据爱因斯坦广义相对论的原理,光线在引力场中传播时将受到歪曲,且速度也将变慢,从而造成光线从空间目标到观测站的传播时间比无引力场时要长,这称为电磁波延迟效应。由这一效应引起的测距修正称为测距的广义相对论效应修正。这里只考虑太阳和地球引力场引起的测距广义相对论效应修正。

太阳引力场引起的相对论效应修正为

$$\begin{aligned}\Delta_1 &= (1+\gamma)R_{\mathrm{RL1}} \\ &= (1+\gamma)\frac{GM_{\mathrm{s}}}{c^2}l_{\mathrm{g}}\left(\frac{r_1+r_2+\rho}{r_1+r_2-\rho}\right)\end{aligned} \tag{3.47}$$

式中:M_{s} 为太阳质量,$GM_{\mathrm{s}}=1.327124\times10^{20}\mathrm{m}^3/\mathrm{s}$;$r_1$ 为太阳至空间目标的距离;r_2 为太阳至观测站的距离;γ 为相对论效应校正因子,可作为被估值量,γ 正常值为 1。

地球引力场引起的相对论效应修正为

$$\begin{aligned}\Delta_2 &= (1+\gamma)R_{\mathrm{RL2}} \\ &= (1+\gamma)\frac{GM_{\mathrm{E}}}{c^2}l_{\mathrm{g}}\left(\frac{r'_1+r'_2+\rho}{r'_1+r'_2-\rho}\right)\end{aligned} \tag{3.48}$$

式中:M_{E} 为地球质量,$GM_{\mathrm{E}}=3.9860044\times10^{14}\mathrm{m}^3/\mathrm{s}^2$;$r'_1$ 为地心至空间目标的距离;r'_2 为地心至观测站的距离。

太阳和地球引力场对测距的广义相对论修正为

$$\begin{aligned}\Delta\rho_{\mathrm{RL}} &= \Delta_1+\Delta_2 \\ &= (1+\gamma)(R_{\mathrm{RL1}}+R_{\mathrm{RL2}})\end{aligned} \tag{3.49}$$

3.4.5 垂线偏差修正

对于依赖当地水准面校准的轴系数据来说,因为轴系数据的站址采用的是天文坐标,而定轨采用的是大地坐标,因此需要对轴系数据进行垂线偏差修正。修正方法为

$$\begin{cases}A' = A-(\lambda-L)\sin\varphi-(\xi\sin A'-\eta\cos A')\cot Z_{\mathrm{S}} \\ Z_{\mathrm{G}} = Z_{\mathrm{S}}+(\xi\sin A'+\eta\cos A') \\ E' = \dfrac{\pi}{2}-Z_{\mathrm{G}}\end{cases} \tag{3.50}$$

式中:A 为原始测量数据;A'、E'为经垂线偏差修正后得到的数据;λ、φ 分别为天

文坐标系下的经度、纬度；L 为大地坐标系下的经度；ξ、η 分别为垂线偏差的子午圈分量和卯酉圈分量；Z_S 为天文天顶距，即测站垂线与观测方向之间的夹角；Z_G 为大地天顶。

在某些垂线偏差大的站址，该误差的动态修正量可能达到 1″量级。

3.5　探测网与轨道精度关系

周期为 90min 的近地空间目标绕地球飞行，1 天绕地球约 16 圈。对于一个经度分布合理的探测网（如在赤道上均匀布设 8 个雷达站），理论上 1 天可至少观测到该空间目标由南向北 8 次升轨飞行过程和由北向南 8 次降轨飞行过程，每次观测弧段长度在数分钟量级。具体每个国家的探测网实际能观测几升几降，以及每个观测弧段的长度，依据该国布设探测设备的经度跨度、纬度跨度及空间目标轨道倾角和高度而定。一般情况下，利用最少的设备资源编目尽可能多的空间目标，因此在编目定轨需求下，空间目标一般每天有 1 个弧段的测量数据即可，主要为精度相对低的相控阵雷达数据或光学数据。如果开展空间目标碰撞预警等重要任务，则需要对空间目标进行精密跟踪测量。在精密定轨情况下，空间目标一般每天有多个弧段的跟踪测量数据，测量数据除了相控阵雷达数据和光学数据外，还有精度较高的精密测量雷达数据。

为了更好地说明轨道确定的精度与测量数据多少的关系，假设在不同地理经度跨度范围内分别布设雷达测量站，对轨道高度 480km 的太阳同步轨道空间目标进行跟踪测量。测量数据由探测设备实际精度仿真生成，轨道动力学模型仿真与 2.2.4 节对应，按照 24h 内不同测量数据量情况，进行轨道确定和外推预报。表 3.1 给出了定轨误差和预报天数为 1 天、3 天、7 天的目标位置误差。

表 3.1　轨道确定和预报误差计算结果

计算项 \ 计算误差 \ 观测情况		一升一降	二升二降	三升三降	四升四降	五升五降	六升六降	七升七降	八升八降
定轨	位置均方根/m	113.7	12.8	4.2	1.9	1.4	1.3	1.2	1.1
	速度均方根/(m/s)	0.1151	0.0136	0.0044	0.0020	0.0013	0.0011	0.0010	0.0009

（续）

计算项 \ 计算误差 \ 观测情况			一升一降	二升二降	三升三降	四升四降	五升五降	六升六降	七升七降	八升八降
预报天数	1天	R方向/m	137.7	39.9	33.6	30.4	28.4	25.4	25.8	15.5
		T方向/m	8363.1	383.9	210.4	197.5	132.6	121.6	114.6	13.7
		N方向/m	2062.6	28.6	13.0	8.0	5.0	3.5	3.7	2.7
		P位置/m	8558.4	384.1	210.4	200.5	133.8	121.6	114.6	20.9
	3天	R方向/m	137.7	49.3	38.5	35.7	35.1	29.3	28.5	28.1
		T方向/m	26316.4	3660.3	2031.3	1637.2	1189.3	1039.4	745.1	708.8
		N方向/m	2062.6	31.5	13.7	4.1	3.5	3.5	3.3	3.5
		P位置/m	26370.7	3660.3	2031.5	1637.2	1189.3	1039.4	745.1	709.3
	7天	R方向/m	272.9	64.2	54.2	62.1	47.5	41.2	39.9	15.0
		T方向/m	62211.1	18620.0	10297.8	10981.4	8041.8	5771.7	3885.2	4001.2
		N方向/m	2062.6	39.4	14.0	7.0	6.5	5.6	3.7	0.9
		P位置/m	62223.9	18620.0	10297.9	10981.5	8041.9	5771.7	3885.2	4001.3

由表3.1可见，随着测轨数据弧段的增加，定轨内符合位置均方根误差从100m量级降低到米量级，定轨内符合速度均方根误差从分米每秒降低到毫米每秒量级，预报7天的位置误差从约62km降低到4km。根据上述仿真和大量统计结果，对空间目标碰撞预警的计算，特别是有色预警阶段，通常需要二升二降共四个弧段的数据，轨道预报精度才能满足3天预报位置误差千米量级的需求，此时的预警才有一定的置信度。要满足位置误差100m量级、径向和法向10m量级的24h预报精度，至少要进行三升三降的轨道测量。按目前动力学水平，即使集中使用全球分布的探测设备开展对某一空间目标的测量定轨，其预报7天轨道位置误差仍在10km量级。站址分布的地域空间越大，光学和雷达测量设备对空间目标测量的数据量越多，对空间目标轨道确定的精度就越高，越有利于空间目标碰撞预警计算。因此，合理的探测资源调度策略规划，即在合适的时机，动用合适的探测资源，对高效完成碰撞预警工作非常重要。

此外，需要说明的是，上述计算结果是按照雷达设备进行仿真的，如果将雷达设备换为光学设备，在天气良好、满足天光地影情况下，该空间目标平均每天可跟踪的弧段数为0.6个，即平均3天有两个弧段，而且光学设备的数据精度和密度都小于雷达设备，如果再考虑天气及天光地影等限制条件，则空间目标可跟踪观测的圈数将会更少，定轨精度将会降低。因此，针对防碰预警有色预警阶段的探测需求，在探测资源调度规划中，光学设备不能作为仅有的主用设备，只能作为雷达设备的有效补充探测手段。

第4章 空间环境与空间目标轨道

航天器在轨道上运行时所遇到的自然环境和人为环境称为空间环境。航天器从地面起飞到进入轨道运行经历了多种不同的环境。据目前认知，自然空间环境的所有变化都与太阳的变化密不可分。太阳不仅是物质与辐射的来源，也控制着大气层与电离层的变化、地球临近区域的宇宙射线量、空间目标的轨道演变等。

空间环境对航天器有着极其重要的影响，其中：重力场、高层大气、太阳辐射影响航天器的轨道与寿命；地球磁场、高层大气、太阳辐射、重力梯度影响航天器的姿态；地球辐射带、太阳宇宙射线、银河宇宙射线、太阳辐射对航天器材料与涂层等造成辐射损伤；大量的空间碎片、微流星对航天器的光学镜头、机械结构造成损伤；原子氧等使航天器的材料与涂层造成化学损伤；磁层等离子体、太阳电磁辐射影响航天器表面电位；地球电离层影响航天器的通信和测控；太阳电磁辐射、冷黑环境、高层大气的真空环境影响航天器的热状态。本章将重点介绍高层大气对航天器轨道的影响。

4.1 大气对空间目标轨道的影响

空间目标在轨运行时会受到各种作用力的影响。其中，大气阻力是典型的非保守力，对轨道预报的影响与时间平方成正比。由于人们还没有完全掌握高层大气密度变化的物理机制，截止到目前几乎所有大气密度模式在太阳平静期存在约15%的模式误差（太阳活动剧烈时误差更大），这将导致大气阻力摄动具有同样的不确定性，并给低轨空间目标轨道预报带来巨大的影响；它直接关系航天器碰撞预警的置信度。本节将重点介绍大气阻力对轨道预报的影响。

目标受到的大气阻力为

$$f_{\mathrm{DG}} = \frac{1}{2} \cdot \frac{A}{m} c_{\mathrm{d}} \rho v^2 \tag{4.1}$$

式中：A_{m} 为目标的面质比$\left(\text{大气迎风面积和质量的比值}, A_{\mathrm{m}} = \dfrac{A}{m}\right)$；$c_{\mathrm{d}}$ 为大气阻力系数；ρ 为目标所在位置的大气密度；v 为空间目标质心相对于当地大气的速度。

在大气阻力计算中，一般采用经验大气模型计算大气密度。但由于高层大气变化非常复杂，而且极易受空间环境变化（如太阳活动）的影响，使得经验建模面临巨大困难；在大气阻力计算中，大气密度的不确定性是计算的主要误差源。近年来，部分卫星携带有高精度加速度仪，可以利用卫星的加速度数据反演大气密度来分析密度模型的精度。根据分析结果，在太阳活动平静期和地磁平静条件下大气密度模型误差为15%左右，在太阳活动剧烈和发生地磁暴时模型误差达100%，甚至更大，这将导致大气阻力摄动具有同样的不确定性，并给低轨空间目标轨道预报带来巨大的影响。

在大气阻力计算中，另一个不可忽略的误差源是空间目标的面质比。对于本国航天器，其几何尺寸精确已知，虽然航天器在轨飞行过程中由于姿态的变化会导致面质比发生变化，但变化范围已知。对于空间碎片，其面质比无法获取，且碎片的面质比一般大于航天器，对大气阻力的计算影响更大。同时，大气阻尼系数 c_d 也不是固定值，c_d 是描述自由大气分子对目标表面撞击作用的参数，与大气分子种类、目标表面形状、材料的吸附和弹射能力、撞击角度等因素有关，而这些因素在空间往往是不可测的，因此只能给出 c_d 的估计值。在工程实践中，一般情况下将 c_d 值固定为2.2，但常数值2.2与“真实 c_d 值”的偏差将会被引入大气阻力的计算误差中。考虑到大气阻力系数和有效面质比同时具有不确定性，在部分工程应用中定义弹道系数 $B^* = A_m c_d$，如果测轨数据满足一定长度，在定轨过程中通过求解 B^* 减小阻力误差，由于弹道系数中两个参数均为变量，一般情况下固定 A_m，求解 c_d，轨道预报采用定轨中设置的 A_m 值和解算的 c_d 值。

下面以轨道高度分别为200km、400km、500km、600km的近圆轨道一号目标、二号目标、三号目标、四号目标为例，介绍大气阻力不确定性对轨道位置预报的影响。设置相同的面质比 $A_m = 0.002$ 和空间环境参数（平静期），在仿真是否考虑大气摄动情况下，比较24h轨道预报的误差，大气密度模型统一采用MSIS00经验模型。表4.1给出了不同轨道高度预报24h轨道误差在R向（径向）、T向（横向）、N向（法向）的分量。由表4.1列见，对于一号、二号、三号、四号目标，预报一天大气对位置误差的影响分别约为270km、2.6km、0.44km、0.09km。由此可见，轨道高度越低，大气对目标的轨道预报影响越大，且主要影响目标沿飞行轨迹T方向的误差。大气摄动对低轨目标的轨道预报影响极大，大气密度的不确定性又使大气阻力摄动成为整个低轨空间目标受摄运动中可模型化程度最低的一项摄动。

表 4.1　不同轨道高度预报 24h 轨道误差

目标	轨道高度/km	R 向误差/km	T 向误差/km	N 向误差/km
一号	200	2.2	270	0.08
二号	400	0.04	2.6	0.005
三号	500	0.008	0.44	0.002
四号	600	0.002	0.09	0.001

4.2　大气密度模型

实时的大气密度往往无法测量，一般采用经验（或半经验）模型和物理模型计算。经验模型是以大气扩散平衡方程为基础，建立中性大气成分数密度的数学模型，从经验和统计角度预测大气密度的分布与变化。物理模型则关注中性大气与电离层的相互作用机制，用物理方程描述能量输入所引起的大气、电离层成分变化及一系列复杂的物理过程，这类模型使用起来较困难，多用于事后的理论研究。本节重点关注空间目标轨道计算中常用的经验大气模型。

国外利用气球探测、卫星阻力、质谱仪、不相干散射雷达等资料构建了很多经验大气密度模型，分为只随高度变化的一维模型和同时考虑高度、经度、纬度、季节、周日等因素的三维模型，包括标准大气和参考大气。标准大气一般表示在中等太阳活动条件下，从地球表面到 1000km 高度中纬区域理想化的稳态地球大气平均状态的剖面。典型模型包括美国标准大气 1962、美国标准大气增补 1966 和美国标准大气 1976。表示大气平均状态的标准大气不能完全满足使用要求，在对近地卫星进行定轨预报时多采用参考大气。典型模型包括 CIRA（国际参考大气）系列、Jacchia 系列、DTM 系列和 MSIS 系列。由国际空间委员会（COSPAR）推荐的 CIRA 系列包括 CIRA1961、CIRA1965、CIRA1972 和 CIRA1986。以卫星轨道衰变反演的大气密度数据为基础的 Jacchia 系列包括 J65、J70、J71、J77、MSFC/J70、MET 和 MET V2.0。DTM 系列采用了 J71 模型基于不同热大气层成分的独立静态扩散平衡假设，包括 DTM78、DTM94 和 DTM2000。MSIS 系列模式在高热层拟合卫星、火箭质谱仪和地面非相干散射雷达等的测量数据，在低热层则接近全球大气环流系统的结果，它随后产生了包括 MSIS77、MSIS83、MSIS86、MSIS90 和 MSIS00（NRLMSIS00）系列模型。目前，在空间目标定轨预报中常用的大气密度模型包括指数模型、HP（Harris – Priester）模型、J71、J77、DTM78、DTM94、DTM2000、MSIS86、MSIS90、MSIS00 和 MET – V2.0 模型等。

由于高层大气变化非常复杂，而且极易受空间环境的影响，使得经验（或半经验）建模面临诸多困难。此外，建模资料的精度和时空分辨率也有限，不能对各种环境下的全球大气进行较全面的测量，导致现有模型的精度普遍不高。可以说，目前还没有哪一个模型能够对高层大气进行全面而精确的刻画。近年来，通过各种卫星高精度加速度仪数据对现有大气模型预测的大气密度与卫星实测大气密度进行对比，发现这些模型的预测与实测之间仍存在一定的差异，此类模型的误差一般在15% ~30%，在空间环境扰动期间可达100%，甚至更高。

4.2.1 大气密度建模原理

大气密度模型的建立基础为流体静力学原理[72-74]。方法为利用获得的第一手数据，结合理论分析及引入参数的特性进行数据拟合，获得大气密度求解模型。

1. 流体静力学原理

与大气密度模型建立相关的静力学方程主要包括以下三个方程。

（1）理想气体密度方程：

$$\rho = \frac{pM}{gRT} \tag{4.2}$$

式中：p 为绝对压力；M 为所有大气组成的平均分子质量；g 为重力加速度；R 为通用气体常数；T 为热力学温度。

（2）压力随高度变化的流体静力学方程：

$$\frac{\mathrm{d}p}{\mathrm{d}h} = -\rho g \tag{4.3}$$

式中：h 为高度。

（3）大气阻力方程：

$$a_{\mathrm{D}} = -\frac{1}{2}\rho v^2 \frac{c_{\mathrm{d}}A}{m} \tag{4.4}$$

式中：a_{D} 为大气阻力引起的加速度；m 为空间目标质量；v 为空间目标相对于大气的速度；A 为空间目标受大气阻力横截面积；c_{d} 为大气阻力系数。

2. 数据获取技术

数据获取主要有直接测量法[75,76]和反演法[77-80]。

直接测量法主要通过各类设备来直接获取大气密度数据。例如，大气密度探测器采用直接探测传感器内气体压力和温度的方法，由气体分子动力学理论所建立的基本关系式获得自由大气密度。

反演法主要是通过测量卫星受力，反演出大气密度，这也是目前的主流和研究热点。例如,利用星载加速度计测量出卫星受到的所有非保守力引起的加速度,这些力包括大气的阻力和升力、太阳辐射光压、地球反照辐射压(包括地球反射光压和地球红外辐射压)等,其中大气的阻力最大。利用一定的模型计算出太阳辐射光压和地球反照辐射压,这样可以将大气的阻力和升力分离出来。卫星受到的阻力和升力与卫星周围的大气密度成正比关系,根据它们之间的关系可以求出大气的密度。

无论是直接测量法还是利用星载加速度数据反演大气密度,其数据均来自于在轨航天器。具有该类测量的在轨航天器数量毕竟是有限的,因此这些数据用于建模还不能覆盖全天时、全天域的大气变化状况。相比之下,空间目标的两行轨道根数(TLE)具有很大优势,根据美国空间态势报告统计结果,美国空间监视网先后编目了4万余个空间目标,目前在轨目标17000余个,利用TLE的轨道衰减反演大气密度不失为一种有效途径。2005年Picone等人提出了一种从TLE数据快速得到大气密度的方法[81],Lean等人将该方法应用于Starshine卫星的研究[82]。

3. 参数引入及拟合技术

各类大气密度模型考虑的主要变量有日变化、季节变化、半年变化、太阳活动和地磁活动、纬度、本地时间、积日。

$F_{10.7}$作为太阳辐射能量代表是大气模型计算输入的主要参数。经过了几十年的发展,该参数模型的误差始终未能得到很好改善。为此,研究者提出$E_{10.7}$、$S_{10.7}$、$M_{10.7}$和$Y_{10.7}$等新的太阳辐射指数来改善大气模型。新的辐射指数是否比传统的$F_{10.7}$能更好地表征太阳辐射对大气密度的影响,还需要进一步利用太阳辐射指数与密度的相关性来评估。实际上,若不考虑每一种辐射指数的物理含义,单从数据统计意义上来表征辐射对密度的影响,任何一种辐射指数反映密度的变化基本一致,这也可能是长期以来大量模式采用易于获取的$F_{10.7}$来表征太阳辐射大小的原因之一。

除太阳辐射指数外,一直以来地磁指数是另一个重要参数作为大气模式的输入来表征地磁活动状态对高层大气的影响。在JB2008模式之前,各类参考大气模式中主要采用A_p或K_p指数作为模式输入参数。2008年,Bowman在新建的JB2008模式中用Dst代替了A_p指数[83]。从与密度的线性关系来看,Dst与密度变化更一致[84]。

日变化、季节变化、半年变化、纬度、本地时间、积日等对大气密度的影响,从J64模型开始不断被修正和加入,使得大气密度模型精度不断提高[72,74,80,83,85-90]。

通常采用相关系数(CC)和均方根误差(RMSE)评估拟合结果[73]：

$$CC = \frac{\sum_{i=0}^{N-1}[(x_i - \bar{x})(y_i - \bar{y})]}{\sqrt{\sum_{i=0}^{N-1}(x_i - \bar{x})^2}\sqrt{\sum_{i=0}^{N-1}(y_i - \bar{y})^2}} \tag{4.5}$$

$$RMSE = \sqrt{\frac{\sum_{i=0}^{N-1}(x_i - y_i)^2}{N}} \tag{4.6}$$

式中：x_i 为第一手测量数据；y_i 为 x_i 对应拟合结果；$\bar{x}$、$\bar{y}$ 为测量结果和拟合结果序列的均值。

或采用相对比例评估法[83,86]：

$$RMS = \sqrt{\frac{\sum_{i=0}^{N-1}\left(\frac{x_i}{y_i} - \frac{\bar{x}}{\bar{y}}\right)^2}{N-1}} \tag{4.7}$$

4.2.2 现有大气密度模型介绍

经过多年的发展，大气模型已经发展出多种系列和类型。美国国家标准依据适用的高度和区域将大气模型分为6类，见表4.2[74]。

表4.2 按适用范围划分的大气模型

类型	适用范围	典型模型
全球模型	全球通用全区域	CIRA86 模型 适用高度为 0 ~ 2000km
地区模型	部分国家或区域使用	1980 年中国国家标准大气模型 适用高度为 0 ~ 120km
中层大气模型	适用于中层大气	1986 年 AFGL 大气成分剖面模型 适用高度为 0 ~ 120km
热层大气模型	适用于热层大气	DTM2000 模型 适用高度为 120 ~ 1500km
距离模型	适用高度为局部区域	RRA - 2006 模型 适用高度为 0 ~ 70km
行星模型	适用于其他行星	Mars - GRAM - 2001 模型 适用于火星，适用高度为 0 ~ 1000km

目前空间目标轨道计算常用的大气模型主要有 Jacchia 系列、MET 系列、DTM 系列、MSIS 系列和 CIRA 系列。图 4.1 描述了大气模型发展历程。1978

年,第一个 DTM 模型发表(DTM78),至今有 DTM94、DTM2000、DTM2009 等模型推出,主要使用卫星阻力观测资料建模。近年来,ESA 的 ATMOP 计划推出了 DTM2013 模型,吸收了高精度的星载加速仪资料;1977 年,MSIS 模型首次形成,后续推出了 MSIS83、MSIS86、MSIS90 模型,首次采用了大气温度和成分浓度的测量数据。2000 年美国海军实验室在模型架构中增加了新成分"氧离子"改进得到了 MSIS00 模型;大气动态校正(DCA)是俄罗斯提出的利用观测数据,每 3h 修正一次所用大气模型的计算值,从而实现不断校正模型的技术。高精度卫星阻力模型(HASDM)是美国在 DCA 基础上发展出来的,两者针对的基础模型为 J70,现在有越来越多的学者在研究两者对其他基础模型的校正性能[73]。Jacchia 系列作为最先建立的大气密度模型,现有分析中的假设条件大部分来自 Jacchia 系列。表 4.3 详细列举了各系列大气密度模型特性[74,80,83,85-89]。

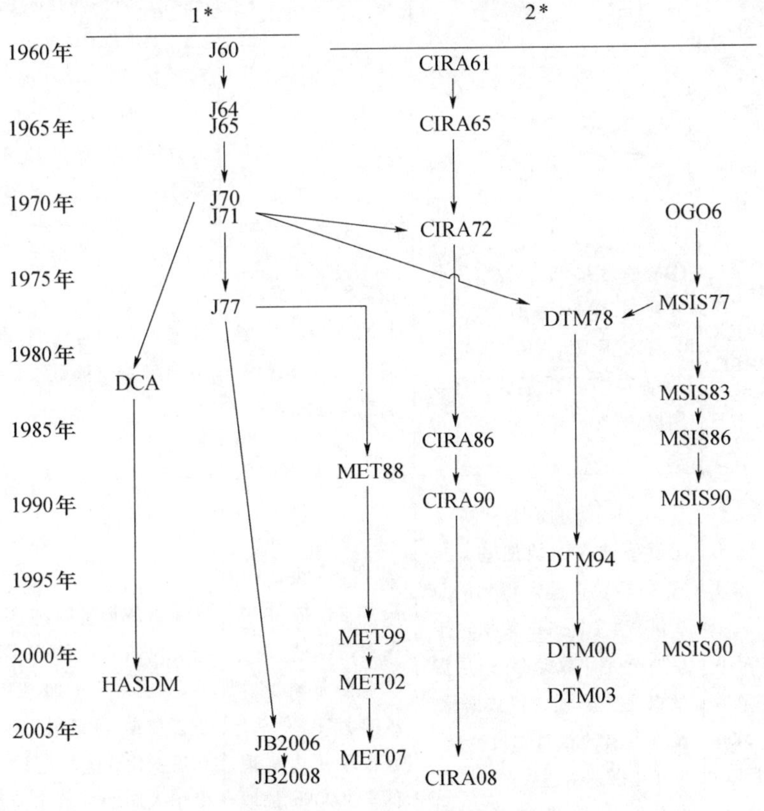

图 4.1　大气模型发展历程

注:①各系列模型间还有些错综复杂的借用或引用关系未画出;

②"1*"表示模型大气密度的计算来自卫星阻力数据,"2*"表示模型温度和大气组成推导基于地面和现场测试设备观测数据[72]。

表 4.3 各系列大气密度模型特性

系列名	主要模型	特点	限制	发展方向
Jacchia	J60 J64 J65 J70 J71 J77 JB2006 JB2008	①首个出现的模型系列，属于理论加经验的半经验模型，是其他系列借鉴的基础。 ②主要适用高度为 90 ~ 2500km。 ③模型经典可靠，计算量一般，因此应用广泛，尤其是 J71、J77	①高海拔时（高度 > 1100km，J71），模型因缺乏大量数据支持，因此精度降低。 ②短期动态结果光滑度差	①利用观测数据不断修正各相关参数与大气密度的关系，如外层大气密度、密度半年变化等的公式不断修正。 ②不断引入新的参数更准确地表征相关参数。例如，新的太阳活动指数、Dst 参数等的不断引入。 ③引入更多数据，优化模型，不断提高适用范围。例如，JB2008 提高了地磁暴剧烈时的适用性，适用高度提升为 90 ~ 4000km。 ④改进计算方法，提升计算效率，如 Jacchia - Roberts 就是 J70 基础上提高计算速度的版本
MET	MET88 MET99 MET02 MET07	①根基为 Jacchia 模型，因此常列入 Jacchia 系列。 ②主要适用高度为 90 ~ 2500km。 ③可应用于事后、实时及预报	预测精度不高，主要因为作为模型输入的太阳 EUV 加热量评估不准	本质为 Jacchia 系列，因此发展方向与 Jacchia 系列一致
DTM	DTM78 DTM94 DTM00 DTM03	①模型推导的数据基础丰富，包括轨道确定得到的总质量密度（Jacchia 数据）、卫星加速度计数据、外逸层温度测量数据、质谱仪数据、测量风得出的相对密度变化、非相干散射雷达数据。 ②主要适用高度为 120 ~ 1500km。 ③250 ~ 900km 高度范围处理效果好	①[250 ~ 900] km 高度外，估计精度差。 ②模型忽略了经度的影响。 ③模型不可复现低于 3000km 的波状扰动，严重影响模型不确定度	①丰富数据来源，提高模型精度。例如，DTM00 较 DTM78 而言，数据来源增加了卫星加速度计数据、测量风得出的相对密度变化数据。 ②引入新的参数作为输入，改进模型，提高模型适用性

（续）

系列名	主要模型	特点	限制	发展方向
MSIS	OGO－6 MSIS77 MSIS83 MSIS86 MSIS90 MSIS00	①可以用较少的参数获得指定的精度；我国载人航天工程中使用的大气密度模型为MSIS90。 ②主要适用范围为90～2500km。 ③预报精度稳定，MSIS00是当前国际上广泛使用的最有影响的中高层大气密度模型	模型适用性较好，仅在部分情况下精度低于其他模型	①优化数据使用，如阻力和加速度计数据。 ②强化空气成分的作用，如氧离子的贡献。 ③提升模型中低层无缝连接度
离子 CIRA	CIRA61 CIRA65 CIRA72 CIRA86 CIRA90 CIRA08	①直接吸纳其他模型的优势。 ②主要适用范围为0～2000km，是几个系列唯一适用90km以下高度的模型	①数据原因，低层效果不佳； ②大的空气扰动时，使用效果不佳	①不断吸纳其他模型长处。例如CIRA08充分借用了JB2008、GRAM7、MSIS00密度模型和GWEM风模型的优势。 ②不断提高适用范围，如CIRA08使用高度范围提高至0～4000km

综合来看，DTM 和 MSIS 模型的精度基本相当，它们采用相似的模型架构，对不同大气成分的数密度分别建立大气变化项表达式，模型参数明显比 Jacchia 模型多，所以对密度细节的刻画比 Jacchia 模型好，平均精度略优。在空间目标轨道确定和预报中，不同阶段和不同目的对轨道计算的速度与精度的要求不同。为了使不同的精度和计算速度匹配，不同的要求下会选择不同的大气模型。典型常用的包括简易的指数模型、计算量和精度适中的 Jacchia77 模型及精度较高的 MSISE00 模型。

1. 指数模型

为了弥补一维大气模型的不足，改进的 Harris－Priester 模型使用大气密度的极大值和极小值进行周日变化修正。Harris－Priester 模型根据不同的太阳 $F_{10.7}$cm 辐射流量，用不同的表格值提供了在各个高度上大气密度周日变化的极大值和极小值。在计算过程中，首先对表格值使用指数内插获得空间目标所处高度的极大值和极小值，然后计算得到所处高度的大气密度。该模型适用于计算高度 100km 以上的大气密度。

计算过程如下：

（1）计算空间目标位置。

空间目标在参考椭球上的高度为

$$h = r - \frac{R_{E'}(1 - f)}{\sqrt{1 - e_E^2 \cos^2 \varphi'}} \tag{4.8}$$

$$\cos\varphi' = \frac{\sqrt{x_o^2 + y_o^2}}{r} \tag{4.9}$$

式中:φ'为空间目标的地心纬度;x_o、y_o、z_o 为空间目标在地球固定坐标系中的位置分量。

空间目标的大地纬度为

$$\varphi = \arctan \frac{z_b}{(1 - e_E^2)\sqrt{x_o^2 + y_o^2}} \tag{4.10}$$

(2) 太阳位置计算。

太阳的时角 α 的定义如图 4.2 所示,图中 O 为地心,S 为太阳,V 为空间目标,OA、OB 分别为 r_S、r 在赤道面上的投影。

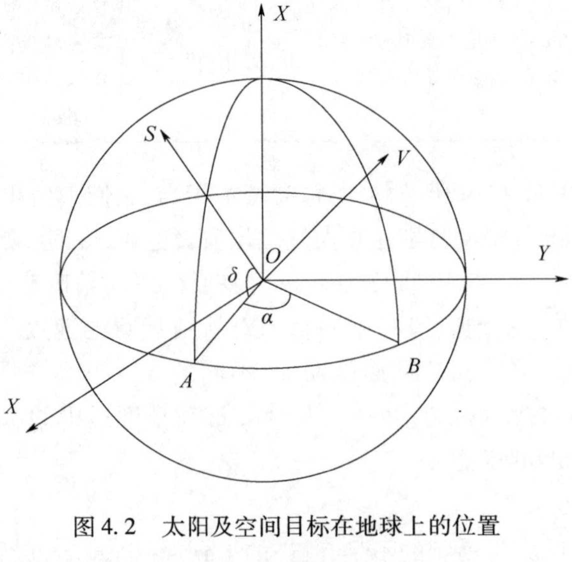

图 4.2　太阳及空间目标在地球上的位置

太阳在地球固定坐标系中的单位矢量为

$$\boldsymbol{r}_{Sb} = \begin{pmatrix} \hat{x}_{Sb} \\ \hat{y}_{Sb} \\ \hat{z}_{Sb} \end{pmatrix} = \begin{pmatrix} \cos\delta_S \cos\lambda_S \\ \cos\delta_S \sin\lambda_S \\ \sin\delta_S \end{pmatrix} \tag{4.11}$$

$$\delta_S = \arcsin \hat{z}_{Sb} \tag{4.12}$$

$$\alpha = \frac{\hat{x}_{Sb}\hat{y}_b - \hat{y}_{Sb}\hat{x}_b}{|\hat{x}_{Sb}\hat{y}_b - \hat{y}_{Sb}\hat{x}_b|} \arccos \frac{\overrightarrow{OA} \cdot \overrightarrow{OB}}{|\overrightarrow{OA}| \cdot |\overrightarrow{OB}|} \tag{4.13}$$

$$\overrightarrow{OA}=\begin{pmatrix}\hat{x}_{Sb}\\ \hat{y}_{Sb}\end{pmatrix},\overrightarrow{OB}=\begin{pmatrix}\hat{x}_{b}\\ \hat{y}_{b}\end{pmatrix} \tag{4.14}$$

（3）空间目标的大气密度计算。

$$\rho_o=\rho_N\left(1+\frac{\rho_D-\rho_N}{\rho_N}\cos^B\frac{\tau}{2}\right) \tag{4.15}$$

式中：B 为输入的常数，用以调整大气密度周日变化率，一般取 $B=4$；τ、ρ_D、ρ_N 分别为

$$\begin{cases}\tau=\alpha-37.0^\circ+6.0^\circ\sin(\alpha+43.0^\circ) \quad \tau\in(-180^\circ,180^\circ)\\ \rho_D=\rho_{min}\left(1+\dfrac{\rho_{max}-\rho_{min}}{\rho_{min}}\cos^{2.2}\eta\right)\\ \rho_N=\rho_{min}\left(1+\dfrac{\rho_{max}-\rho_{min}}{\rho_{min}}\sin^{2.2}\theta\right)\end{cases} \tag{4.16}$$

式中：ρ_{max}、ρ_{min} 分别为空间目标在高度 h 处大气的极大密度和极小密度；$\eta=\dfrac{1}{2}|\varphi-\delta_S|$；$\theta=\dfrac{1}{2}|\varphi+\delta_S|$。

高度 h 处于表格值中 h_i 和 h_{i+1} 之间，则有

$$\begin{cases}\rho_{min}(h)=B_1\rho_{min}(h_i)e^{\frac{h_i-h}{H_{min}}}\\ \rho_{max}(h)=B_2\rho_{max}(h_i)e^{\frac{h_i-h}{H_{max}}}\end{cases} \tag{4.17}$$

式中：B_1、B_2 为输入的两个常数，用来调整大气密度周日变化的振幅，一般取 $B_1=1$、$B_2=1$；H_{min}、H_{max} 分别为

$$\begin{cases}H_{min}=\dfrac{(h_i-h_{i+1})}{\lg\left(\dfrac{\rho_{min}(h_{i+1})}{\rho_{min}(h_i)}\right)}\\ H_{max}=\dfrac{h_i-h_{i+1}}{\lg\left(\dfrac{\rho_{max}(h_{i+1})}{\rho_{max}(h_i)}\right)}\end{cases} \tag{4.18}$$

2. Jacchia77 大气模型

Jacchia77 大气模型适用于高度为 90km 以上处的大气密度计算。Jacchia77 大气模型分为，静态大气模型和动态大气模型两个部分，考虑大气的各种变化。根据这些变化再对静态大气进行修正。

Jacchia77 大气模型计算过程如下：

（1）计算与卫星、太阳位置有关的量。使用式（4.8）、式（4.9）计算卫星高度和星下点纬度。使用式（4.11）~式（4.14）计算太阳在地球固定坐标系中的

单位矢量 $\boldsymbol{r}_{Sb}$、太阳赤纬 δ_S 和太阳时角 α。

（2）由太阳 10.7cm 辐射流量计算 $T_{1/2}$：

$$T_{1/2}=5.48\overline{F}^{0.8}+101.8F^{0.4} \tag{4.19}$$

式中：F 为太阳 10.7cm 辐射流量值的日平均值；$\overline{F}$ 为 6 个太阳自转周期（164 天）F 的加权平均值，且有

$$\overline{F}=\frac{\sum WF}{\sum W} \tag{4.20}$$

式中：W 为权系数，且有

$$W=\mathrm{e}^{-\left(\frac{t-t_0}{\tau}\right)^2} \tag{4.21}$$

式中：t_0为与所求的 $\overline{F}$ 对应的时间；τ 取为 3 个太阳自转周期或取为 71 天。F 和 $\overline{F}$ 的数值可在数据库中查找，用线性内插得到所需时刻的值（t 前一天的值）。

（3）计算高层大气的平均相对分子质量。取 $T_\infty=T_{1/2}$，计算高度 h 处的平均相对分子质量 $\overline{M}$。计算中各大气成分的温度均取为 $T_{1/2}$。

（4）计算各大气成分的伪温度：

$$T'_{\infty i}=T_{1/2}\left\{1+0.15\frac{\delta_S}{\varepsilon}\sin\varphi+0.24\cos\varphi\left[f_i(\alpha)-\frac{1}{2}\right]\right\} \tag{4.22}$$

式中：$i=1\sim6$，对应于大气成分 N_2、O_2、O、Ar、He、H；ε 为黄赤交角，$\varepsilon=230.44°$；$f_i(\alpha)$可表示为

$$f_i(\alpha)=\cos^n\frac{1}{2}(\alpha+\beta_i)+0.08\cos[3(\alpha+\beta_i)-75°] \tag{4.23}$$

其中

$$\begin{cases} n=2+\cos^2\dfrac{2\varphi^2}{\pi} \\ \beta_i=-35°+27°\left(\dfrac{\overline{M}}{M_i}-1\right), \quad i=1\sim5 \\ \beta_6=-60° \end{cases}$$

（5）计算地磁效应改正。地磁热效应对高层大气温度的影响为

$$\Delta T_E=54.2\times K'_P(1+0.027\mathrm{e}^{0.4K'_P})\sin^3\Phi \tag{4.24}$$

式中：K'_P 是 $t-\tau$ 时刻的 K_P值，$\tau=0^d.1+0^d.2\cos^2\Phi$，$\Phi$ 为磁纬度，可用下式近似计算，即

$$\sin\Phi=0.9792\sin\varphi+0.2028\cos\varphi\cos(\lambda-291°) \tag{4.25}$$

式中：λ 为卫星星下点的经度。

（6）计算各大气成分的粒子浓度。取 $T_{\infty i}=T'_{\infty i}+\Delta T_E$ 作为大气成分 i

的伪温度，利用解析 Jacchia77 模型计算各大气成分的粒子浓度。计算方法如下：

① 计算常数系数：

$$\begin{cases} X_{500} = \dfrac{500.0 - 125.0}{6356.766 + 500.0} \\ K_x = \dfrac{2.0 \times (6356.766 + 125.0)}{125.0 - 90.0} \\ V_\mathrm{h} = K_x \dfrac{100.0 - 90.0}{6356.766 + 100.0} - 1.0 \end{cases} \tag{4.26}$$

$$\begin{cases} W_0 = \dfrac{1 - V_\mathrm{h}}{1 + V_\mathrm{h}} \\ W_1 = W_0 + 1 \end{cases} \tag{4.27}$$

$$\begin{cases} \hat{C}_0^* = \hat{C}_3 W_0^3 + \hat{C}_2 W_0^2 + \hat{C}_1 W_0 + \hat{C}_0 \\ \hat{C}_1^* = (3\hat{C}_3 W_0^2 + 2\hat{C}_2 W_0 + \hat{C}_1) W_1 \\ \hat{C}_2^* = (3\hat{C}_3 W_0 + \hat{C}_2) W_1^2 \\ \hat{C}_3^* = \hat{C}_3 W_1^3 \end{cases} \tag{4.28}$$

$$\begin{cases} \hat{C}_0 = 28.573844 \\ \hat{C}_1 = -0.471730 \\ \hat{C}_2 = -0.106679 \\ \hat{C}_3 = 0.047675 \end{cases} \tag{4.29}$$

$$\begin{cases} \overline{M}'_0 = \dfrac{1}{C_0^* - C_1^* + C_2^* - C_3^*} \\ g_\mathrm{av} = \dfrac{9.80655 \times 6356.766^2}{K_x (6356.766 + 90.0)} \\ g_\mathrm{ax} = \dfrac{9.80655 \times 6356.766^2}{6356.766 + 125.0} \end{cases} \tag{4.30}$$

② 计算与 $T_{\infty i}$ 有关的系数：

$$\begin{cases} D = 3110.743363 T_{\infty i}^{-0.4197668} \\ \qquad -5.719352 \times 10^{-2} T_{\infty i} \mathrm{e}^{-\frac{T_{\infty i}}{1187.417}} + 22.58421 \\ T_x = 188.0 + 110.5 \lg\left(Y_0 + \sqrt{1.0 + Y_0^2}\right) \\ Y_0 = 0.0045 (T_{\infty i} - 188.0) \end{cases} \tag{4.31}$$

$$\begin{cases} \Gamma = \dfrac{T_{\infty i} - T_x}{G_x(6356.766 + 125.0)} \\ G_x = 1.9\,\dfrac{T_x - 188.0}{125.0 - 90.0} \\ \alpha = \dfrac{\Gamma D}{\Gamma D - 1.0} \end{cases} \tag{4.32}$$

$$\begin{cases} \tau_0 = \dfrac{T_x + 188.0}{T_x - 188.0} \\ \tau_1 = \dfrac{-2.0 \times 188.0 T_x}{T_x - 188.0} \end{cases} \tag{4.33}$$

$$\begin{cases} a_{\mathrm{t}} = \dfrac{D}{\alpha(T_x - T_{\infty i})} \\ b_{\mathrm{t}} = -2a_{\mathrm{t}} T_x - D \\ c_{\mathrm{t}} = a_t T_{\infty i}^2 + D T_{\infty i} \end{cases} \tag{4.34}$$

$$\begin{cases} n_{\mathrm{H}}(500) = 5.94 + 28.9 T_{\infty i}^{-0.25} \\ T_{500} = T_{\infty} + \dfrac{\alpha(T_x - T_{\infty})\mathrm{e}^{-\mathrm{DX}_{500}}}{\mathrm{e}^{-\mathrm{DX}_{500}} - 1 + \alpha} \\ X_{\infty} = \lg\left\{\left[\dfrac{\alpha(T_x - T_{\infty i}) \times 10^{14} + 1}{1 - \alpha}\right]^{\frac{1}{D}}\right\} \end{cases} \tag{4.35}$$

$$h_{\infty} = \begin{cases} 2500.0, T_{\infty i} \geqslant 1386.5\mathrm{K} \\ \dfrac{6356.766 X_{\infty} + 125.0}{1 - X_{\infty}}, T_{\infty i} < 1386.5\mathrm{K} \end{cases} \tag{4.36}$$

计算系数 a_n^* 和 b_n^*：

$$\begin{cases} G_x^* = 0.475 \times \dfrac{6356.766 + 125.0}{6356.766 + 90.0} \times \dfrac{188.0}{T_x} \\ a_5^* = 0.06205282\lg(T_{\infty} + 213.9884) - 0.6286968 \\ a_6^* = 0.06555111\lg(T_{\infty} - 329.6454) - 0.1520990 \end{cases} \tag{4.37}$$

$$\begin{cases} a_1^* = -G_x^* + a_5^* - \dfrac{T_x + 188.0}{T_x - 188.0} \\ a_2^* = -G_x^* + a_6^* + 1.5 \\ a_3^* = G_x^* - 2.0 a_5^* \\ a_4^* = G_x^* - 2.0 a_6^* - 0.5 \end{cases} \tag{4.38}$$

$$\begin{bmatrix} b_1^* \\ b_2^* \\ b_3^* \\ b_4^* \\ b_5^* \\ b_6^* \\ b_7^* \\ b_8^* \\ b_9^* \end{bmatrix}^{\mathrm{T}} = \begin{bmatrix} C_0^* \\ C_1^* \\ C_2^* \\ C_3^* \end{bmatrix}^{\mathrm{T}} \times \begin{bmatrix} a_1^* & a_2^* & a_3^* & a_4^* & a_5^* & a_6^* & 0 & 0 & 0 \\ 0 & a_1^* & a_2^* & a_3^* & a_4^* & a_5^* & a_6^* & 0 & 0 \\ 0 & 0 & a_1^* & a_2^* & a_3^* & a_4^* & a_5^* & a_6^* & 0 \\ 0 & 0 & 0 & a_1^* & a_2^* & a_3^* & a_4^* & a_5^* & a_6^* \end{bmatrix} \tag{4.39}$$

③ 计算 $h \leqslant 100\mathrm{km}$(均质层)的大气粒子浓度。

$h_{\mathrm{d}} = \min(h, 100\mathrm{km})$,取②中 $T_{\infty 6}$ 对应的各量计算 $h \leqslant 100\mathrm{km}$ 的大气粒子浓度:

$$V_{\mathrm{H}} = K_x \frac{h_{\mathrm{d}} - 90.0}{6356.766 + h_{\mathrm{d}}} - 1.0 \tag{4.40}$$

$$\rho' = \frac{\rho'_0 T_0}{\overline{M'_0}} \left(\frac{\overline{M'}}{T}\right) \mathrm{e}^{\left\{-\frac{g_{\mathrm{av}}}{R\tau_1}\left[\sum_{n=1}^{9} b_i^* \left(V_{\mathrm{H}}^i + (-1)^{i-1}\right)\right]\right\}} \tag{4.41}$$

式中:ρ'_0 为 90km 高度处未经修正的大气密度,$\rho'_0 = 3.43 \times 10^{-6}\mathrm{kg/m^2}$;$T_\theta$ 为 90km 高度处的大气温度,$T_0 = 188\mathrm{K}$;$\overline{M'_0}$ 为 90km 高度处的平均相对分子质量,由式(4.30)给出,即

$$\left(\frac{\overline{M'}}{T}\right) = \frac{1}{\tau_1} \sum_{n=1}^{9} b_n^* V_{\mathrm{H}}^{n-1} \tag{4.42}$$

则在均质层中各大气成分的粒子浓度为

$$\begin{cases} n'_{\mathrm{H}i} = A_{\mathrm{v}} \times 10^3 \dfrac{q_{\mathrm{S}i}}{\overline{M}_{\mathrm{S}}} \rho', \quad i = 1,4,5 \\ n'_{\mathrm{H2}} = A_{\mathrm{v}} \times 10^3 \dfrac{1 + q_{\mathrm{SE}}}{\overline{M}_{\mathrm{S}} - 1} \rho' \\ n'_{\mathrm{H3}} = A_{\mathrm{v}} \times 10^3 \dfrac{2}{\overline{M'}} \left(1 - \dfrac{\overline{M'}}{\overline{M}_{\mathrm{S}}}\right) \rho' \\ n'_{\mathrm{H6}} = 0.0 \end{cases} \tag{4.43}$$

式中:A_{v} 为阿伏加德罗常数,$A_{\mathrm{v}} = 6.02257 \times 10^{23}\mathrm{mol}^{-1}$;$q_{\mathrm{S}i}$ 为气体成分 i 在海平面处,其单位体积的大气中所占的比例,数值见表 4.4;$\overline{M}_{\mathrm{S}}$ 为在海平面处大气的平均相对分子质量,$\overline{M}_{\mathrm{S}} = 28.96$;$\overline{M'}$ 可表示为

$$\overline{M}' = C_0^* + C_1^* V_h + C_2^* V_h^2 + C_3^* V_h^3$$

均质层的温度为

$$T_H = \frac{\tau_1}{\sum_{n=1}^{6} a_n^* V_H^{n-1}} \tag{4.44}$$

如果 $h \leqslant 100\text{km}$，则③计算完毕后即转⑧；否则，继续下面的计算。

④ 计算 $100\text{km} \leqslant h \leqslant 125\text{km}$ 处的粒子浓度及温度。

根据大气成分 i 的伪温度 $T_{\infty i}$，使用②中的公式计算 $T_{\infty i}$ 相应的各量。取

$$\begin{cases} h_d = \min(h, 125.0\text{km}) \\ V_T = K_x \dfrac{h_d - 90.0}{6356.766 + h_d} - 1.0 \\ T_T = \dfrac{\tau_1}{\sum_{n=1}^{6} a_n^* V_T^{n-1}} \end{cases} \tag{4.45}$$

则大气成分 i 的粒子浓度为

$$n'_{T_i} = n'_{H_i} \left(\frac{T_H}{T_T}\right)^{1+a_i} \exp\left\{-\frac{M_i g_{av}}{R\tau_1}\left[\sum_{n=1}^{6} \frac{a_n^*}{n}(V_T^n - V_H^n)\right]\right\} \tag{4.46}$$

式中：n'_{H_i} 由式（4.43）给出；V_H、T_H 分别由式（4.40）和式（4.44）给出；M_i 为大气成分 i 的相对分子质量，由表 4.4 给出；a_i 为大气成分 i 的热传导系数，由表 4.4 给出。

表 4.4　Jacchia 77 大气成分系数

i	大气成分	q_{si}	M_i	α_i	C_{ti}	C_{si}
1	N_2	0.78110	28.0134	0.0	0.0	0.0
2	O_2	0.20955	31.9988	0.0	1.03×10^{-5}	0.0
3	O	0.0	15.9994	0.0	-5.75×10^{-5}	−0.16
4	Ar	0.009343	39.948	0.0	3.07×10^{-5}	0.0
5	He	0.000005242	4.0026	−0.38	-6.30×10^{-5}	−0.79
6	H	0.0	1.00797	−0.25	0.0	0.0

上面的计算中，i 的取值为 1～5。对于 $i=6$ 即氢原子 H 的离子浓度要另外计算，计算方法见⑦。

如果卫星高度 h 是在 $100\text{km} \leqslant h \leqslant 125\text{km}$ 范围内，则转⑦计算氢原子的浓度。如果 $h > 125\text{km}$，则继续下面的计算。

⑤ 计算 $h > 125\text{km}$ 处的大气粒子浓度。取 $h_d = \min(h, h_\infty)$（h_∞ 的值由②给出）。

$$X_{\mathrm{E}}=\frac{h_{\mathrm{d}}-125.0}{6356.766+h_{\mathrm{d}}} \tag{4.47}$$

$$T_{\mathrm{E}i}=T_{\infty i}+\frac{\alpha(T_x-T_{\infty i})\mathrm{e}^{-DX_{\mathrm{E}}}}{\mathrm{e}^{-DX_{\mathrm{E}}}-1.0+\alpha} \tag{4.48}$$

$$n'_{\mathrm{E}i}=n'_{\mathrm{T}i}\left(\frac{T_x}{T_{\mathrm{E}i}}\right)^{1+\alpha_i+\gamma_i}\left(\frac{a_tT_{\mathrm{E}i}^2+b_tT_{\mathrm{E}i}+c_t}{a_tT_x^2+b_{\mathrm{t}}T_x+c_{\mathrm{t}}}\right)\left[\frac{1}{1-\alpha}+\frac{\alpha}{1-\alpha}\left(\frac{T_{\infty i}-T_x}{T_{\mathrm{E}i}-T_{\infty i}}\right)\right]^{\frac{r_ib_t}{2D}} \tag{4.49}$$

式中：n'_{T_i} 由式(4.46)给出；a_{t}、b_{t}、c_{t}、α 和 T_x 均由②中计算。

$$\gamma_i=\frac{M_ig_{\mathrm{a}}(6356.766)^2}{R(6356.766+125.0)c_{\mathrm{t}}} \tag{4.50}$$

式中：M_i 为各气体的相对分子质量，见表 4.4；$g_{\mathrm{a}}=9.80655\mathrm{m/s^2}$；$R=8.31432$ J/(k · mol)。

由于计算机字长所限，卫星高度达到某限度后，式(4.48)中 T_{E} 将趋于 T_∞，在式(4.49)中则有

$$a_tT_\infty^2+b_{\mathrm{t}}T_{\mathrm{E}}+c_t=0 \tag{4.51}$$

这样，在式(4.49)中卫星高度尚未趋于无穷大(2500km)之前，大气粒子浓度就已趋于0。这主要是由计算机字长限制造成的。这样，式(4.48)就存在一个有效高度 h_∞，当 $h<h_\infty$ 时才可用式(4.49)计算大气粒子浓度。设

$$T_\infty-T(h_\infty)=\varepsilon$$

当 $\varepsilon=10^{-14}$ 时，由式(4.47)和式(4.48)可以得出 h_∞ 的变化范围：当 $T_\infty=500\mathrm{K}$ 时，$h_\infty=1366.75\mathrm{km}$；当 $T_\infty=1386.5\mathrm{K}$ 时，$h_\infty=2500\mathrm{km}$。因此，取

$$h_\infty=\begin{cases}2500.0, & T_\infty\geqslant 1386.5\mathrm{K}\\ \dfrac{6356.766X_\infty+125.0}{1-X_\infty}, & T_\infty<1386.5\mathrm{K}\end{cases} \tag{4.52}$$

$$X_\infty=\lg\left[\frac{\alpha(T_x-T_\infty)\times10^{14}+1}{1-\alpha}\right]^{\frac{1}{D}} \tag{4.53}$$

当 $h\leqslant h_\infty$ 时，⑤计算出的大气粒子浓度即为高度 h 处的浓度值；当 $h>h_\infty$ 时，由(5)计算出的大气粒子浓度 $n'_{\mathrm{E}i}$ 实际为 h_∞ 处的值，h 高度处的粒子浓度还需由(6)计算。

⑥ 计算 $h>h_\infty$ 处的大气粒子浓度 n'_{hi}：

$$X_h=\frac{h-125.0}{6256.766+h}$$

$$n'_{ni}=n'_{\mathrm{E}i}\mathrm{e}^{\left[-\frac{M_iR_{ax}}{RT_{\infty i}}(x_h-x_\infty)\right]} \tag{4.54}$$

以上计算中 i 取值为 1 ~5。

⑦ 计算氢原子的粒子浓度。在②中取 $T_{\infty 6}$ 计算各相应的量。取 $h_d = \min(h, h_\infty)$。

$$X_E = \frac{h_d - 125.0}{6356.766 + h_d} \tag{4.55}$$

$$T_{E6} = T_{\infty 6} + \frac{\alpha(T_x - T_{\infty 6})e^{-DX_E}}{e^{-DX_E} - 1.0 + \alpha} \tag{4.56}$$

$$n'_{E6} = n_H(500)\left(\frac{T_{500}}{T_{E6}}\right)^{1+\alpha_6+\gamma_6}\left[\frac{a_t T_{E6}^2 + b_t T_{E6} + c_t}{a_t T_{500}^2 + b_t T_{500} + c_t}\right]^{\frac{\gamma_6}{2}} e^{\frac{\gamma_6 b_t}{2}(X_E - X_{500})} \tag{4.57}$$

式中：$n_H(500)$、T_{500} 由②给出，X_{500} 由①给出。

$$\gamma_6 = \frac{M_6 g_a 6356.766^2}{R(6356.766 + 125.0)c_t} \tag{4.58}$$

如果 $h \leqslant h_\infty$，则式(4.41)的结果即为 h 高度处氢原子的粒子浓度，转⑧计算。如果 $h > h_\infty$，则需继续计算：

$$X_h = \frac{h - 125.0}{6356.766 + h} \tag{4.59}$$

$$n_{E6} = n'_{E6}\exp\left[-\frac{M_i g_{ax}}{RT_{\infty 6}}(X_h - X_{500})\right] \tag{4.60}$$

⑧ 对大气粒子浓度进行经验修正，计算大气密度。

在上述计算中使用了均质层中气体相对分子质量确定 O_2 的分解程度。在均质层以上，使用经验校正公式对氧分子和氧原子的粒子浓度的这种分解作用给以校正。校正系数为

$$F_2 = \begin{cases} 0.7244359601, & h > 200\text{km} \\ 10^{-0.07[1.0+\tanh(0.18(h-111.0))]}, & h \leqslant 200\text{km} \end{cases} \tag{4.61}$$

$$F_3 = \begin{cases} 1.0, & h > 200\text{km} \\ 10^{-0.24e^{[-0.009(h-97.7)^2]}}, & h \leqslant 200\text{km} \end{cases} \tag{4.62}$$

则氧分子和氧原子的粒子浓度为

$$\begin{aligned} n_{h2} &= n'_{h2} \cdot F_2 \\ n_{h3} &= n'_{h3} \cdot F_3 \end{aligned} \tag{4.63}$$

高度为 h 处的相对分子质量为

$$\overline{M} = \frac{\sum_{n=1}^{6} n_{hi} M_i}{\sum_{i=1}^{6} n_{hi}} \tag{4.64}$$

高度为 h 处的静态大气密度为

$$\rho = 1.660421 \times 10^{-27} \times \overline{M} \times \sum_{i=1}^{6} n_{hi} \tag{4.65}$$

（7）均质层顶层高度变化的影响和赤道波的影响。与地磁热效应伴随的将是均质层顶层高度的变化，该变化为

$$\Delta H = 5.0 \times 10^3 \lg(0.01\Delta T_{\mathrm{E}} + \sqrt{1.0 + 0.0001\Delta T_{\mathrm{E}}^2})\,(\mathrm{m}) \tag{4.66}$$

对大气成分 i 的粒子浓度的影响为

$$Dn_{i(1)} = C_{ti}\Delta H \tag{4.67}$$

式中：系数 C_{ti} 的数值见表 4.4。

地磁热效应还会引起大气密度波，其影响为

$$Dn_{i(2)} = 5.2 \times 10^{-4} \times 54.2K_{\mathrm{p}}(1.0 + 0.027\mathrm{e}^{0.4K_{\mathrm{P}}})\cos^2\Phi \tag{4.68}$$

式中：$\cos\Phi = \sqrt{1-\sin^2\Phi}$，$\sin\Phi$ 由式（4.24）给出。

（8）季节纬度变化。这里的季节纬度变化不包括大气密度周日变化中与高度有关的纬度项，与高度无关。典型粒子为“冬季氦突出”。各大气成分的季节纬度变化为

$$Dn_{i(3)} = C_{si}\frac{\delta_{\mathrm{s}}}{\varepsilon}\sin\varphi \tag{4.69}$$

式中：δ_{s} 为太阳赤纬；ε 为黄道与赤道的夹角，$\varepsilon = 23.44°$；C_{si} 的数值见表 4.4。

（9）半年变化。大气密度的半年周期变化表达式基本上与 Jacchia71 大气模型相同，只是表达式中的系数做了改动：

$$Dn_{i(4)} = f(h)g(t) \tag{4.70}$$

其中

$$\begin{cases} f(h) = (0.4 \times 10^{-5}h^2 + 0.05)\mathrm{e}^{-0.0025h} \\ g(t) = 0.0284 + 0.382[1.0 + 0.467\sin(2\pi\tau + 4.14)]\sin(4\pi\tau + 4.26) \end{cases} \tag{4.71}$$

$$\tau = \Phi + 0.0954\left\{\left[\frac{1}{2} + \frac{1}{2}\sin(2\pi\Phi + 6.04)\right]^{1.65} - \frac{1}{2}\right\} \tag{4.72}$$

$$\Phi = \frac{\mathrm{JD}_{1978}}{365.2422}$$

式中：JD_{1978} 为从 1978 年 1 月 0 日起算的儒略日数，$\mathrm{JD}_{1978} = t_{\mathrm{MJD}} - 43509.0$。

（10）热温大气中地磁作用修正。

$$Dn_{i(5)} = \beta_i \times \left(\frac{800}{T_\infty}\right)^m \times f'(h) \times (\sin\alpha)^{-1} \times (0.003 \times \Delta T_E) \tag{4.73}$$

$$f'(h) = -0.86 + 0.6\left(\frac{h}{100}\right) - 0.00636\left(\frac{h}{100}\right)^2 + 0.29 \times \left[1 + 1.7 \times \left(\frac{h}{100} - 1.27\right)^2 + 0.3322 \times \left(\frac{h}{100}\right)^{13}\right]^{-1} \tag{4.74}$$

$$m = 1.7 \times \tan\alpha \times [0.005 \times (h - 100)]$$

大气成分的 β_i 值见表 4.5。

表 4.5　Jacchia77 各大气成分的 β_i 值

大气成分	He	Ar	O_2	N_2	O	H
β_i	0.1	1.5	1.16	1.0	0.52	0.46

(11) 计算高度 h 处的校正大气密度 ρ:

$$\rho = A_{\mathrm{Vr}} \times 10^{-3} \sum_{i=1}^{6} M_i \, 10^{Dn_i} \tag{4.75}$$

式中:A_{Vr} 为阿伏加德罗常数的倒数,$A_{\mathrm{Vr}} = 1.660421 \times 10^{-24}$;$M_i$ 为大气成分 i 的相对分子质量,见表 4.4;Dn_i 为

$$Dn_i = \ln n_{hi} + Dn_{i(1)} + Dn_{i(2)} + Dn_{i(3)} + Dn_{i(4)} + Dn_{i(5)}$$

式中:n_{hi} 是由(6)计算出的大气成分 i 的静态粒子浓度。

$Dn_{i(1)}$、$Dn_{i(2)}$、$Dn_{i(3)}$、$Dn_{i(4)}$ 和 $Dn_{i(5)}$ 分别由式(4.67)~式(4.70)和式(4.73)给出。

3. MSIS00 模型

MSIS00 模型是由美国海军研究实验室在 MSIS90 模型的基础上发展生成。相对于 MSIS90 模型,MSIS00 模型不仅加入了新的卫星数据,还吸收采用了 Jacchia 模型的数据库。

相对于 MSIS90 模型中的 He、O、N_2、O_2、Ar、H、N 七种成分,MSIS00 模型引入了一种新的成分 AO(活性氧离子)。这起源于对 Jacchia70 模型的分析中,在夏季高纬度和高海拔(大于 600km)的地区,Jacchia70 模型的大气密度明显的比 MSIS86 要高很多,Hedin 认为高层大气中的活性氧离子带来了这些影响[89]。在随后的卫星数据分析中,也佐证了这一推断。

MSIS00 模型计算的大气密度为扩散和混合两种状态下计算密度的综合效应,同时考虑了空间环境和化学效应。MSIS00 模型计算步骤如下:

(1) 温度计算。

① 高度 $Z > Z_a$(123.435km)的温度计算:

$$T_{(Z)} = T_\omega - (T_\omega - T_L)\,\mathrm{e}^{-\delta \times \varepsilon(Z, Z_L)} \tag{4.76}$$

其中

$$\delta = \frac{T'_{\mathrm{L}}}{T_{\omega} - T_{\mathrm{L}}} \tag{4.77}$$

$$\varepsilon(Z, Z_{\mathrm{L}}) = \frac{(Z - Z_{\mathrm{L}})(R_{\mathrm{P}} + Z_{\mathrm{L}})}{R_{\mathrm{P}} + Z} \tag{4.78}$$

$$R_{\mathrm{P}} = \frac{2 \times 980.616 \times 10^{-5} \times [1 - 0.0026373 \times \cos(2B)]}{3.085462 \times 10^{-6} + 2.27 \times 10^{-9} \times \cos(2B)} \tag{4.79}$$

$$T'_{\mathrm{L}} = \bar{T}'_{L}(1 + G_8(L)) \tag{4.80}$$

$$T_{\omega} = \bar{T}_{\omega}(1 + G_9(L)) \tag{4.81}$$

$$T_{\mathrm{L}} = \bar{T}_{\mathrm{L}}(1 + G_{10}(L)) \tag{4.82}$$

$$\bar{T}_{\mathrm{L}} = 386\mathrm{K} \tag{4.83}$$

$$\bar{T}_{\omega} = 1037.14\mathrm{K} \tag{4.84}$$

$$\bar{T}'_{\mathrm{L}} = 16.19916\mathrm{K/km} \tag{4.85}$$

式中：$Z_{\mathrm{L}} = 120\mathrm{km}$；$Z$、$L$、$B$ 分别为计算点的高度、经度、纬度；$G_i(L)$ 为位置、时间和空间物理参数。

② 高度 $Z < Z_{\mathrm{a}}(123.435\mathrm{km})$ 的温度计算，为一个插值的过程。它在 5 个高度节点（$Z_1 = Z_{\mathrm{a}}, Z_2 = 110\mathrm{km}, Z_3 = 100\mathrm{km}, Z_4 = 90\mathrm{km}, Z_5 = 72.5\mathrm{km}$）上进行插值计算。节点函数由火箭飞行数据和美国标准大气拟合得到。

$$T_{(Z)} = \left(A \times \mathrm{TT}_l + B \times \mathrm{TT}_h + \frac{(\beta_h - \beta_l)^2 \times \{(A^3 - A) \times \mathrm{YZ}_l + (B^3 - B) \times \mathrm{YZ}_h\}}{6}\right)^{-1} \tag{4.86}$$

$$A = \frac{\beta_h - \beta}{\beta_h - \beta_l}, \quad B = \frac{\beta - \beta_l}{\beta_h - \beta_l} \tag{4.87}$$

式中：h、l 分别为高度 Z 在 5 个高度节点位置的临近节点。

$$\beta = \frac{\varepsilon(Z, Z_1)}{\varepsilon(Z_5, Z_1)} \tag{4.88}$$

$$\beta_i = \frac{\varepsilon(Z_i, Z_1)}{\varepsilon(Z_5, Z_1)} \tag{4.89}$$

$$\mathrm{TT}_i = \frac{1}{T_{(Zi)}} \tag{4.90}$$

$T_{(Z_i)}$ 由以下式计算得到：

$$T_{(Z_2)} = \left(\frac{(1 - G_{\mathrm{S}}(P_{11}))}{244.999}\right)^{-1} \tag{4.91}$$

$$T_{(Z_3)}=\left(\frac{(1-G_S(P_{12}))}{180.35}\right)^{-1} \tag{4.92}$$

$$T_{(Z_4)}=\left(\frac{(1-G_S(P_{13}))}{181.889}\right)^{-1} \tag{4.93}$$

$$T_{(Z_5)}=\left(\frac{(1-G_S(P_{14}))}{212.865}\right)^{-1} \tag{4.94}$$

YZ_i 的计算过程如下：

$$YZ_i = YY_i \times YZ_{i+1} + U_i \tag{4.95}$$

$$YZ_5=\frac{UN-0.5\times U_4}{0.5\times YY_4+1} \tag{4.96}$$

$$YY_i=\frac{s_i-1}{P_i} \tag{4.97}$$

$$UN=\frac{3}{\beta_5-\beta_4}\times\left(YD_2-\frac{TT_5-TT_4}{\beta_5-\beta_4}\right) \tag{4.98}$$

$$U_i=P_i^{-1}\times\left(6\times(\beta_{i+1}-\beta_{i-1})^{-1}\times\left(\frac{TT_{i+1}-TT_i}{\beta_{i+1}-\beta_i}-\frac{TT_i-TT_{i-1}}{\beta_i-\beta_{i-1}}\right)-S_i\times U_{i-1}\right) \tag{4.99}$$

$$S_i=\frac{\beta_i-\beta_{i-1}}{\beta_{i+1}-\beta_{i-1}} \tag{4.100}$$

$$P_i=S_i\times YY_{i-1}+2 \tag{4.101}$$

$$YY_1=-0.5 \tag{4.102}$$

$$U_1=\frac{3}{\beta_2-\beta_1}\times\left(\frac{TT_2-TT_1}{\beta_2-\beta_1}-YD_1\right) \tag{4.103}$$

$$YD_1=-\frac{T'_{(Z_1)}\times\varepsilon(Z_5,Z_1)}{T^2_{(Z_1)}} \tag{4.104}$$

$$YD_2=-\frac{T'(z_5)\times\varepsilon(z_5,z_1)}{T^2_{(Z_5)}}\times\left(\frac{R_P+Z_5}{R_P+Z_1}\right)^2 \tag{4.105}$$

$T'(Z_1)$ 为 Z_1 处的温度梯度，即

$$T'_{(Z_1)}=(T_\omega-T_{(Z_1)})\times\delta\times\left(\frac{R_P+Z_L}{R_P+Z_1}\right)^2 \tag{4.106}$$

$T'(Z_5)$ 为 Z_5 处的温度梯度，即

$$T'_{(Z_5)}=3.8245\times10^{-5}\times T^2_{(Z_5)}\times(1+G_S(P_{15})) \tag{4.107}$$

P_{11}、P_{12}、P_{13}、P_{14}、P_{15} 为拟合常数，它们的值见 P 系数表。$G_S(P^i)$ 是一个与时间、地理位置和空间参数有关的函数。计算如下：

$$G_S(P^i) = \sum_{J=1}^{11} T_J \tag{4.108}$$

T_J 各项计算如下:

T_1 项,太阳 $F_{10.7}$cm 辐射参数影响项:

$$T_1 = P^i_{(22)} \times (\overline{F}_{10.7} - 150) \tag{4.109}$$

T_2 项,与时间无关项:

$$\begin{aligned} T_2 = {} & P^i_{(2)} \times P_{(2,0)} + P^i_{(3)} \times P_{(4,0)} + P^i_{(23)} \times P_{(6,0)} + P^i_{(27)} \times P_{(1,0)} \\ & + P^i_{(28)} \times P_{(3,0)} + P^i_{(29)} \times P_{(5,0)} \end{aligned} \tag{4.110}$$

T_3 项,周年偶次项:

$$T_3 = (P^i_{(19)} + P^i_{(48)} \times P_{(2,0)} + P^i_{(30)} \times P_{(4,0)}) \times C_{32} + P^i_{(28)} \times P_{(3,0)} + P^i_{(29)} \times P_{(5,0)} \tag{4.111}$$

T_4 项,半年偶次项:

$$T_4 = (P^i_{(16)} + P^i_{(17)} \times P_{(2,0)} + P^i_{(31)} \times P_{(4,0)}) \times C_{18} \tag{4.112}$$

T_5 项,周年奇次项:

$$T_5 = (P^i_{(10)} \times P_{(1,0)} + P^i_{(11)} \times P_{(3,0)} + P^i_{(36)} \times P_{(5,0)}) \times C_{14} \tag{4.113}$$

T_6 项,半年奇次项:

$$T_6 = (P^i_{(38)} \times P_{(1,0)}) \times C_{39} \tag{4.114}$$

T_7 项,周日项:

$$T_{71} = P^i_{(12)} \times P_{(2,1)} \times C_{14} \tag{4.115}$$

$$T_{72} = P^i_{(13)} \times P_{(2,1)} \times C_{14} \tag{4.116}$$

$$\begin{aligned} T_7 = {} & (P^i_{(4)} \times P_{(1,1)} + P^i_{(5)} \times P_{(3,1)} + T_{71}) \times C_T \\ & + (P^i_{(7)} \times P_{(1,1)} + P^i_{(8)} \times P_{(3,1)} + T_{72}) \times S_T \end{aligned} \tag{4.117}$$

T_8 项,半周日项:

$$T_{81} = (P^i_{(24)} \times P_{(3,2)} + P^i_{(47)} \times P_{(5,2)}) \times C_{14} \tag{4.118}$$

$$T_{82} = (P^i_{(34)} \times P_{(3,2)} + P^i_{(49)} \times P_{(6,3)}) \times C_{14} \tag{4.119}$$

$$\begin{aligned} T_8 = {} & (P^i_{(6)} \times P_{(2,2)} + P^i_{(42)} \times P_{(4,2)} + T_{81}) \times C_{2T} \\ & + (P^i_{(9)} \times P_{(2,2)} + P^i_{(43)} \times P_{(4,2)} + T_{82}) \times S_{2T} \end{aligned} \tag{4.120}$$

T_9 项,三分之周日项:

$$T_9 = P^i_{(40)} \times P_{(3,3)} \times S_{3T} + P^i_{(41)} \times P_{(3,3)} \times C_{3T} \tag{4.121}$$

T_{10}项,地磁影响项:

$$T_{10} = A_{PDF} \times (P^i_{(33)} + P^i_{(46)} \times P_{(2,0)}) \tag{4.122}$$

T_{11}项,经度项:

$$T_{11}=(1+P_{(1,0)}\times(P^i_{(81)}\times\cos(d-P^i_{(82)})+P^i_{(86)}\times\cos(2\times(d-P^i_{(87)})))$$
$$+P^i_{(84)}\times\cos(d-P^i_{(85)})+P^i_{(88)}\times\cos(2\times(d-P^i_{(89)})))\times((P^i_{(65)}\times P_{(2,1)}$$
$$+P^i_{(66)}\times P_{(4,1)}+P^i_{(67)}\times P_{(6,1)}+P^i_{(75)}\times P_{(1,1)}+P^i_{(76)}\times P_{(3,1)}$$
$$+P^i_{(77)}\times P_{(5,1)})\times C_L+(P^i_{(91)}\times P_{(2,1)}+P^i_{(92)}\times P_{(4,1)}+P^i_{(93)}\times P_{(6,1)}$$
$$+P^i_{(78)}\times P_{(1,1)}+P^i_{(79)}\times P_{(3,1)}+P^i_{(80)}\times P_{(5,1)})\times S_L) \tag{4.123}$$

上述计算中,各参数计算式如下:

$$A_{PDF}=(A_{P_1}-4)+((P^i_{(45)}-1)\times((A_{P_1}-4)+(e^{-P^i_{(44)}\times(AP_1-4)}-1)/P^i_{(44)})) \tag{4.124}$$

$$F_1=1+P^i_{(48)}\times(\overline{F}_{10.7}-150)+P^i_{(20)}\times(F_{10.7}-\overline{F}_{10.7})+P^i_{(21)}\times(F_{10.7}-\overline{F}_{10.7})^2 \tag{4.125}$$

$$F_2=1+P^i_{(50)}\times(\overline{F}_{10.7}-150)+P^i_{(20)}\times(F_{10.7}-\overline{F}_{10.7})+P^i_{(21)}\times(F_{10.7}-\overline{F}_{10.7})^2 \tag{4.126}$$

$$\mathrm{EXP}_1=\exp[-(10800\times|P^i_{(52)}|/(1+P^i_{(139)}\times(45-|B|)))] \tag{4.127}$$

$$\mathrm{EXP}_2=\exp(-10800\times|P^i_{(54)}|) \tag{4.128}$$

$$G_0(A)=(A-4+(P^i_{(26)}-1)\times(A-4+(e^{-|P^i_{(25)}|\times(A-4)}-1)/|P^i_{(25)}|)) \tag{4.129}$$

$$S_{GO}(x)=(G_0(A_{P_2})+(G_0(A_{P_3})\times x+G_0(A_{P_4})\times x^2$$
$$+G_0(A_{P_5})\times x^3+(G_0(A_{P_6})\times x^4$$
$$+G_0(A_{P_7})\times x^{12})\times(1-x^8)/(1-x)))/(1+x^5(1-x^{19})/(1-x)) \tag{4.130}$$

$$A_{PT}(1)=S_{GO}(\mathrm{EXP}_1) \tag{4.131}$$

$$A_{PT}(3)=S_{GO}(\mathrm{EXP}_2) \tag{4.132}$$

$$C_L=\cos\left(\frac{\pi}{180}L\right) \tag{4.133}$$

$$S_L=\sin\left(\frac{\pi}{180}L\right) \tag{4.134}$$

$$S_T=\sin\left(\frac{\pi}{180}(L+\mathrm{UTC}\times15)\right) \tag{4.135}$$

$$C_T=\cos\left(\frac{\pi}{180}(L+\mathrm{UTC}\times15)\right) \tag{4.136}$$

$$S_{2T}=\sin\left(2\times\frac{\pi}{180}(L+\mathrm{UTC}\times15)\right) \tag{4.137}$$

$$C_{2T} = \cos\left(2 \times \frac{\pi}{180}(L + \mathrm{UTC} \times 15)\right) \tag{4.138}$$

$$S_{3T} = \sin\left(3 \times \frac{\pi}{180}(L + \mathrm{UTC} \times 15)\right) \tag{4.139}$$

$$C_{3T} = \cos\left(3 \times \frac{\pi}{180}(L + \mathrm{UTC} \times 15)\right) \tag{4.140}$$

$$C_{32} = \cos\left(\frac{2\pi}{365}(d - P^{i}_{(32)})\right) \tag{4.141}$$

$$C_{18} = \cos\left(\frac{4\pi}{365}(d - P^{i}_{(18)})\right) \tag{4.142}$$

$$C_{14} = \cos\left(\frac{2\pi}{365}(d - P^{i}_{(14)})\right) \tag{4.143}$$

$$C_{39} = \cos\left(\frac{4\pi}{365}(d - P^{i}_{(39)})\right) \tag{4.144}$$

式中:$P_{(n,m)}$为勒让德函数;d 为计算时刻日在本年的天数;$F_{10.7}$为太阳 10.7cm 辐射前一天值;$\overline{F}_{10.7}$为太阳 10.7cm 辐射 81 天平均值。

A_{P_1}为当日地磁指数值 a_p;

A_{P_2}为计算当前时刻 3h 地磁指数值 a_p;

A_{P_3}为计算时刻前 3h 地磁指数值 a_p;

A_{P_4}为计算时刻前 6h 地磁指数值 a_p;

A_{P_5}为计算时刻前 9h 地磁指数值 a_p;

A_{P_6}为计算时刻前 12 ~33h 地磁指数平均值;

A_{P_7}为计算时刻前 36 ~59h 地磁指数平均值。

(2) 大气密度计算。

MSIS00 模型提供了大气密度两个计算结果:一个代表可测量的大气密度;另一个代表有效大气密度。

可测量的大气密度计算是扩散和混合分布的综合,大气密度为

$$\rho = 1.66 \times 10^{-24} \sum_{i=1}^{7} (m_i \times N_i(Z, m_i))\ (\mathrm{g/cm^3}) \tag{4.145}$$

式中:$i = 1, 2, \cdots, 7$ 对应大气成分的顺序为 He、O、N_2、O_2、Ar、H、N;m_i 是各成分相对分子质量标称值,依次为 4、16、28、32、40、1、14;$N_i(Z, m_i)$为高度 Z 上第 i 个成分的密度,且有

$$N_i(Z, m_i) = N_{\mathrm{d}i}\left(1 + \mathrm{e}^{A \times \ln\left(\frac{N_{\mathrm{m}i}}{N_{\mathrm{d}i}}\right)}\right)^{\frac{1}{A}} C_1^i(Z) C_2^i(Z) \tag{4.146}$$

$$A = M_{\mathrm{h}} / (\overline{M}_{\mathrm{m}} - M_i) \tag{4.147}$$

式中:$N_{\mathrm{d}i}$为扩散分布密度;$N_{\mathrm{m}i}$为混合分布密度;$C_1^i(Z)$、$C_2^i(Z)$分别为第 i 个成

分的空间环境和化学修正因子；$M_h=28$；$\overline{M}_m=28.95$；M_i 为各成分相对分子质量标称值。

有效大气密度是可测量大气密度和活性氧原子密度之和，即

$$\rho_e=\rho+1.66\times10^{-24}N_8(Z)(\mathrm{g/cm^3}) \tag{4.148}$$

式中：$N_8(Z)$为高度 Z 上活性氧原子的密度。

在 MSIS00 模型中，活性氧原子的密度没有分离为扩散分布密度和混合分布密度。

(3) 扩散分布：

$$N_{di}=N_{Li}D_i(Z,m_i)(T_{(2L)}/T_{(Z)})^{1+\alpha} \tag{4.149}$$

$$D_i(Z,m_i)=D_{Bi}(Z,m_i),Z\geqslant Z_\alpha \tag{4.150}$$

$$D_i(Z,m_i)=D_{Bi}(Z,m_i)\times\left(\frac{T_{(Z_L)}}{T_{(Z)}}\right)^{1+\alpha}\times e^{-r_3\times r_1},Z<Z_\alpha \tag{4.151}$$

$$D_{Bi}(Z,m_i)=\left(\frac{T_{(Z_L)}}{T_{(Z)}}\right)^{\gamma^2}e^{-\delta\times r_2\times\varepsilon(Z,Z_L)} \tag{4.152}$$

$$r_2=m_ig_L/(\delta R_gT_\omega) \tag{4.153}$$

$$g_L=g_S/\left(1+\frac{Z_L}{R_P}\right)^2 \tag{4.154}$$

$$g_a=g_S/\left(1+\frac{Z_a}{R_P}\right)^2 \tag{4.155}$$

$$N_{Li}=\overline{N}_{Li}e^{Gi(L)} \tag{4.156}$$

$$g_S=980.616[1-0.0026373\cos(2L)] \tag{4.157}$$

式中：$R_g=831.4$，$\overline{N}_{Li}$为各成分在 Z_L 上的平均密度，按顺序为 2.577179×10^7、8.001985×10^{10}、3.00389×10^{11}、3.0736266×10^{10}、1.15451049×10^9、224553.9、57.3587×10^7。

$$r_3=m_i\times\frac{g_S}{\left(1+\frac{Z_L}{R_P}\right)^2}\times\frac{\varepsilon(Z_2,Z_L)}{R_g} \tag{4.158}$$

$$r_1=\sum_{n=1}^{4}\left(H_n\times\left((1-A_n^2)\times\frac{\mathrm{TT}_n}{2}+B_n^2\times\frac{\mathrm{TT}_{n+1}}{2}+\left(\left(\frac{A_n^2}{2}-\frac{1+A_n^4}{4}\right)\times\mathrm{YZ}_n+\left(\frac{B_n^4}{4}-\frac{B_n^2}{2}\right)\times\mathrm{YZ}_{n+1}\right)\times\frac{H_n^2}{6}\right)\right) \tag{4.159}$$

$$H_n=\beta_{n+1}-\beta_n \tag{4.160}$$

$$A_n = (\beta_{n+1} - \mathrm{XX}_n)/H_n \tag{4.161}$$

$$B_n = (\mathrm{XX}_n - \beta_n)/H_n \tag{4.162}$$

$$\mathrm{XX}_n = \begin{cases} \beta_{n+1}, \beta_{n+1} \leqslant \dfrac{\varepsilon_{(Z,Z_1)}}{\varepsilon_{(Z_5,Z_1)}} \\ \dfrac{\varepsilon_{(Z,Z_1)}}{\varepsilon_{(Z_5,Z_1)}}, \beta_{n+1} > \dfrac{\varepsilon_{(Z,Z_1)}}{\varepsilon_{(Z_5,Z_1)}} \end{cases}, \quad n<4 \tag{4.163}$$

$$\mathrm{XX}_4 = \frac{\varepsilon_{(Z,Z_1)}}{\varepsilon_{(Z_5,Z_1)}} \tag{4.164}$$

$G_i(L)$函数是一个由空间实测大气资料拟合，与位置、时间和空间物理参数有关的低阶球谐函数，即

$$G_i(L) = P^i_{(31)} + \sum_{j=1}^{13} T_j \tag{4.165}$$

T_j 各项计算如下：

T_1 项，太阳 $F_{10.7}$ 辐射参数影响项：

$$T_1 = P^i_{(20)} \times (F_{10.7} - \overline{F}_{10.7})(1 + P^i_{(60)} \times (\overline{F}_{10.7} - 150)) + P^i_{(21)} \times (F_{10.7} - \overline{F}_{10.7})^2 + P^i_{(22)} \times (\overline{F}_{10.7} - 150) + P^i_{(30)} \times (\overline{F}_{10.7} - 150)^2 \tag{4.166}$$

T_2 项，与时间无关项：

$$T_2 = P^i_{(2)} \times P_{(2,0)} + P^i_{(3)} \times P_{(4,0)} + P^i_{(23)} \times P_{(6,0)} + P^i_{(15)} \times P_{(2,0)} \times (\overline{F}_{10.7} - 150) + P^i_{(27)} \times P_{(1,0)} \tag{4.167}$$

T_3 项，周年偶次项：

$$T_3 = P^i_{(19)} \times \cos\left(\frac{2\pi}{365}(d - P^i_{(32)})\right) \tag{4.168}$$

T_4 项，半年偶次项：

$$T_4 = (P^i_{(16)} + P^i_{(17)} \times P_{(2,0)}) \times \cos\left(\frac{4\pi}{365} \times (d - P^i_{(18)})\right) \tag{4.169}$$

T_5 项，周年奇次项：

$$T_5 = F_1 \times (P^i_{(10)} \times P_{(1,0)} + P^i_{(11)} \times P_{(3,0)}) \cos\left(\frac{2\pi}{365} \times (d - P^i_{(14)})\right) \tag{4.170}$$

T_6 项，半年奇次项：

$$T_6 = P^i_{(38)} \times P_{(1,0)} \times \cos\left(\frac{4\pi}{365} \times (d - P^i_{(39)})\right) \tag{4.171}$$

T_7 项，周日项：

$$
\begin{aligned}
T_7 = & F_2 \times C_T \times \left(P^i_{(4)} \times P_{(1,1)} + P^i_{(5)} \times P_{(3,1)} + P^i_{(28)} \times P_{(5,1)} \right.\\
& \left. + P^i_{(12)} \times P_{(2,1)} \times \cos\left(\frac{2\pi}{365} \times (d - P^i_{(14)})\right)\right) \\
& + F_2 \times S_T \times \left(P^i_{(7)} \times P_{(1,1)} + P^i_{(8)} \times P_{(3,1)} + P^i_{(29)} \times P_{(5,1)} \right.\\
& \left. + P^i_{(13)} \times P_{(2,1)} \times \cos\left(\frac{2\pi}{365} \times (d - P^i_{(14)})\right)\right)
\end{aligned} \tag{4.172}
$$

T_8 项,半周日项:

$$
\begin{aligned}
T_8 = & F_2 \times C_{2T} \times (P^i_{(6)} \times P_{(2,2)} + P^i_{(42)} \times P_{(4,2)} + P^i_{(24)} \times P_{(3,2)} \\
& + P^i_{(36)} \times P_{(5,2)}) \times \cos\left(\frac{2\pi}{365} \times (d - P^i_{(14)})\right) \\
& + F_2 \times S_{2T} \times (P^i_{(9)} \times P_{(2,2)} + P^i_{(43)} \times P_{(4,2)} \\
& + P^i_{(34)} \times P_{(3,2)} + P^i_{(37)} \times P_{(5,2)}) \\
& \times \cos\left(\frac{2\pi}{365} \times (d - P^i_{(14)})\right)
\end{aligned} \tag{4.173}
$$

T_{10}项,三周日变化:

$$
\begin{aligned}
T_{10} = & F_2 \times S_{3T} \times (P^i_{(40)} \times P_{(3,3)} + P^i_{(94)} \times P_{(4,3)} + P^i_{(47)} \times P_{(6,3)}) \\
& \times \cos\left(\frac{2\pi}{365} \times (d - P^i_{(14)})\right) + F_2 \times C_{3T} \times (P^i_{(41)} \times P_{(3,3)} + P^i_{(95)} \times P_{(4,3)} \\
& + P^i_{(49)} \times P_{(6,3)}) \times \cos\left(\frac{2\pi}{365} \times (d - P^i_{(14)})\right)
\end{aligned} \tag{4.174}
$$

T_9 项,日地磁指数 AP 影响项:

如果 $P^i_{(52)} = 0$,则有

$$
\begin{aligned}
T_9 = & A_{PDF} \times (P^i_{(33)} + P^i_{(46)} \times P_{(2,0)} + P^i_{(35)} \times P_{(4,0)} + (P^i_{(101)} \times P_{(1,0)} \\
& + P^i_{(102)} \times P_{(3,0)} + P^i_{(103)} \times P_{(5,0)}) \times \cos\left(\frac{2\pi}{365} \times (d - P^i_{(14)})\right) \\
& + \left(P^i_{(122)} \times P_{(1,1)} + P^i_{(123)} \times P_{(3,1)} + P^i_{(124)} \times P_{(5,1)}\right) \\
& \times \cos\left(0.2618 \times \left(\frac{L}{15} + \text{UTC} - P^i_{(125)}\right)\right)\Bigg)
\end{aligned} \tag{4.175}
$$

如果 $P^i_{(52)} \neq 0$,则有

$$T_9 = A_{PT}(1) \times \left(P^i_{(51)} + P^i_{(97)} \times P_{(2,0)} + P^i_{(55)} \times P_{(4,0)} + (P^i_{(126)} \times P_{(1,0)} + P^i_{(127)} \times P_{(3,0)} + P^i_{(128)} \times P_{(5,0)}) \times \cos\left(\frac{2\pi}{365} \times (d - P^i_{(14)})\right) + (P^i_{(129)} \times P_{(1,1)} + P^i_{(130)} \times P_{(3,1)} + P^i_{(131)} \times P_{(5,1)}) \times \cos\left(0.2618 \times \left(\frac{L}{15} + \mathrm{UTC} - P^i_{(132)}\right)\right)\right) \tag{4.176}$$

T_{11}项，与经度相关项：

$$T_{11} = \left(1 + P^i_{(81)} \times (\overline{F}_{10.7} - 150)\right) \times \left((P^i_{(65)} \times P_{(2,1)} + P^i_{(66)} \times P_{(4,1)} + P^i_{(67)} \times P_{(6,1)} + P^i_{(104)} \times P_{(1,1)} + P^i_{(105)} \times P_{(3,1)} + P^i_{(106)} \times P_{(5,1)} + (P^i_{(110)} \times P_{(1,1)} + P^i_{(111)} \times P_{(3,1)} + P^i_{(112)} \times P_{(5,1)}) \times \cos\left(\frac{2\pi}{365} \times (d - P^i_{(14)})\right)\right) \times \cos\left(\frac{\pi}{180} \times L\right) + \left(P^i_{(91)} \times P_{(2,1)} + P^i_{(92)} \times P_{(4,1)} + P^i_{(93)} \times P_{(6,1)} + P^i_{(107)} \times P_{(1,1)} + P^i_{(108)} \times P_{(3,1)} + P^i_{(109)} \times P_{(5,1)} + (P^i_{(113)} \times P_{(1,1)} + P^i_{(114)} \times P_{(3,1)} + P^i_{(115)} \times P_{(5,1)}) \times \cos\left(\frac{2\pi}{365} \times (d - P^i_{(14)})\right)\right) \times \sin\left(\frac{\pi}{180} \times L\right) \tag{4.177}$$

T_{12}项，时间经度混合项：

$$T_{12} = (1 + P^i_{(96)} \times P_{(1,0)})(1 + P^i_{(82)} \times (\overline{F}_{10.7} - 150)) \times \left(1 + P^i_{(120)} \times P_{(1,0)} \times \cos\left(\frac{2\pi}{365} \times (d - P^i_{(14)})\right)\right) \times (P^i_{(69)} \times P_{(1,0)} + P^i_{(70)} \times P_{(3,0)} + P^i_{(71)} \times P_{(5,0)}) \times \cos(0.000072722 \times (\mathrm{UTC} \times 3600 - P^i_{(72)})) + (P^i_{(77)} \times P_{(3,2)} + P^i_{(78)} \times P_{(5,2)} + P^i_{(79)} \times P_{(7,2)}) \times (1 + P^i_{(138)} \times (\overline{F}_{10.7} - 150)) \times \cos\left(0.000072722 \times (\mathrm{UTC} \times 3600 - P^i_{(80)}) + 2 \times \frac{\pi}{180} L\right) \tag{4.178}$$

T_{13}项，时间、经度、地磁指数混合项：

如果 $P^i_{(52)} = 0$，则有

$$
\begin{aligned}
T_{13} = & A_{\mathrm{PDF}} \times (1 + P^i_{(121)} \times P_{(1,0)}) \times (P^i_{(61)} \times P_{(2,1)} + P^i_{(62)} \times P_{(4,1)} \\
& + P^i_{(63)} \times P_{(6,1)}) \times \cos\left(\frac{\pi}{180} \times (L - P^i_{(64)})\right) + A_{\mathrm{PDF}} \times (P^i_{(116)} \\
& \times P_{(1,1)} + P^i_{(117)} \times P_{(3,1)} + P^i_{(118)} \times P_{(5,1)}) \\
& \times \cos\left(\frac{2\pi}{365} \times (d - P^i_{(14)})\right) \times \cos\left(\frac{\pi}{180} \times (L - P^i_{(119)})\right) + A_{\mathrm{PDF}} \\
& \times (P^i_{(84)} \times P_{(1,0)} + P^i_{(85)} \times P_{(3,0)} + P^i_{(86)} \times P_{(5,0)}) \\
& \times \cos(0.000072722 \times (\mathrm{UTC} \times 3600 - P^i_{(76)}))
\end{aligned} \tag{4.179}
$$

如果 $P^i_{(52)} \neq 0$，则有

$$
\begin{aligned}
T_{13} = & A_{\mathrm{PT}}(1) \times (1 + P^i_{(133)} \times P_{(1,0)}) \times (P^i_{(53)} \times P_{(2,1)} + P^i_{(99)} \times P_{(4,1)} \\
& + P^i_{(68)} \times P_{(6,1)}) \times \cos\left(\frac{\pi}{180} \times (L - P^i_{(98)})\right) + A_{\mathrm{PT}}(1) \\
& \times (P^i_{(134)} \times P_{(1,1)}) + P^i_{(135)} \times P_{(3,1)} + P^i_{(136)} \times P_{(5,1)}) \\
& \times \cos\left(\frac{2\pi}{365} \times (d - P^i_{(14)})\right) \times \cos\left(\frac{\pi}{180} \times (L - P^i_{(137)})\right) \\
& + A_{\mathrm{PT}}(1) \times \cos(0.000072722 \times (\mathrm{UTC} \times 3600 - P^i_{(59)})) \\
& \times (P^i_{(56)} \times P_{(1,0)} + P^i_{(57)} \times P_{(3,0)} + P^i_{(58)} \times P_{(5,0)})
\end{aligned} \tag{4.180}
$$

（4）混合分布：

$$
N_{m_i} = N_{h_i}(h_i, m_i) \times D_i(Z, \overline{M}_0) \times \left(\frac{T_{(ZL)}}{T_{(Z)}}\right) \tag{4.181}
$$

$$
N_{h_i}(h_i, m_i) = N_{Li} \times D_i(h_i, m_{di}) \tag{4.182}
$$

式中：$m_{di} = m_i - \overline{M}_0$；$h_i$ 为各大气成分的等温层高度，且有

$$
h_1 = 100, h_2 = 105, h_4 = 105, h_5 = 105, h_6 = 95, h_7 = 105
$$

$$
h_3 = 105 \times 0.962736 \times \left(1 + 0.140925 \times \sin B \times \cos\left(\frac{2\pi}{365}(d + 8.45398)\right)\right)
$$

式中：d 为计算日在当年中的天数。

（5）空间环境和化学修正因子：

$$
\ln(C^i_1(Z)) = \ln\left(\frac{R^i_1 \times N_{h_3}(h_3, m_3)}{N_{h_i}(h_i, m_i)}\right) \times (1 + \mathrm{e}^{\frac{Z - Z^i_{h_1}}{h^i_1}})^{-1} \tag{4.183}
$$

$$
\ln(C^i_2(Z)) = R^i_2 \times (1 + \mathrm{e}^{\frac{Z - Z^i_{h_2}}{h^i_2}})^{-1} \tag{4.184}
$$

式中：R^i_1、h^i_1、$Z^i_{h_1}$、R^i_2、h^i_2、$Z^i_{h_2}$ 为拟合系数；$G_i(L)$、$\mathrm{GS}(P^i)$ 函数计算是使用拟合常数 P^i 系数表计算得出的。

4.3　大气密度模型的系统差和偶然差

大气密度计算误差不仅与大气密度模型本身的精度有关，而且与表征空间环境状况的空间环境参数密切相关，影响大气密度的主要空间环境参数是太阳 10.7cm 波长(2800MHz)的射电辐射流量 $F_{10.7}$ 和地磁指数 Ap。在空间目标的轨道计算中，如果是延时 2 个月以上的事后数据处理，则可以直接调用 $F_{10.7}$ 和 Ap 的实测值。但是，对于碰撞预警，空间目标陨落预报、测站引导跟踪预报等未来事件的预报分析中，需要使用目标的预报轨道，此时计算大气密度时需输入太阳辐射流量和地磁指数的预报值，需要预报的时间近 2 个月，这些参数预报时间越长，预报误差越大。因此，太阳活动参数的预报误差会引入大气密度计算误差，从而引起轨道计算的误差。

本节以 CHAMP 星载加速仪数据反演的大气密度为标准，分析了 2010 年 1 月份、4 月份 MSIS00 模型计算的大气密度精度，进而分析了引起大气密度的系统差和偶然差的因素。图 4.3 给出了 2010 年 1 月份、4 月份 $F_{10.7}$ 日变化情况。由图 4.3 可见，2010 年 1 月份，$F_{10.7}$ 从 70 多变化到 90 多。变化幅度 20 多，射电辐射流量处于中等水平；2010 年 4 月份，$F_{10.7}$ 几乎小于 80，射电辐射流量处于低水平。图 4.4 给出了 2010 年 1 月份、4 月份 Ap 每 3h 的变化情况。由图 4.4 可见，2010 年 1 月份，Ap 值绝大多数小于 10，太阳活动较平静；2010 年 4 月份，Ap 值绝大多数小于 20，4 月 5 日，突然发生特大磁暴，Ap 最大值达到了 180，4 月 6 日、7 日受 5 日大磁暴的影响，小磁暴仍在继续，4 月 12 日发生了中等磁暴，4 月 14 日、15 日发生了小磁暴，4 月 23 日磁场有扰动。表 4.6、表 4.7 分别给出了 2010 年 1 月份、4 月份以 CHAMP 星载加速仪数据反演的大气密度为标准，MSIS00 模型计算的大气密度日系统误差及 Ap 日平均值(偶然误差)。由两个表可见，1 月份 MSIS00 模型计算的大气密度系统误差绝大多数大于 20%，4 月份 MSIS00 模型计算的大气密度系统误差绝大多数小于 10%，1 月份 MSIS00 模型的系统误差普遍大于 4 月份。由图 4.3 可见，1 月份 $F_{10.7}$ 普遍大于 4 月份。图 4.4 可见，1 月份 Ap 日平均值普遍小于 4 月份，由此可见，MSIS00 模型计算大气密度时输入的空间环境参数中，射电辐射流量 $F_{10.7}$ 是引起 MSIS00 模型计算密度系统误差的主要因素图 4.5 给出了 2010 年 1 月份、4 月份 MSIS00 模型计算的大气密度日最大绝对误差。由图 4.5 可见，1 月份 MSIS00 模型计算的大气密度每日最大绝对误差处于10^{-12}量级，4 月份 MSIS00 模型计算的大气密度每日最大绝对误差大多数时间段处于10^{-12}量级，发生磁暴、磁扰的 4 月 5 日、6

日、7 日、12 日、14 日、15 日、23 日 MSIS00 模型的最大误差达到或接近10^{-11}量级，其中发生特大磁暴的 4 月 5 日，其偶然误差显著增大。可见，Ap 是引起 MSIS00 模型计算大气密度偶然误差的主要因素。

综上所述，在以天为单位的时段内，大气密度模型计算平均偏差基本呈现系统差的特性，天平均偏差的大小随着表征太阳 10.7cm 波长的射电辐射流量 $F_{10.7}$参数 27 天一个小周期和 13 年一个大周期，以及各模型使用数据的有效期发生变化。在以月为单位的时段内，呈现一定规律变化；在以年为单位的时段内，呈现弱规律变化。因此，在以天为单位的短期内尚可认为 $F_{10.7}$是引起大气密度系统误差的主要因素。而 Ap 的跳变则是短期、偶然的变化，在以小时为单位的时段内可能发生数倍甚至数十倍的跳变。这种跳变引起大气密度模型计算值在数小时内发生数倍的误差。因此，在以天为单位的时段内可认为 Ap 的跳变会引起大气密度的偶然误差。

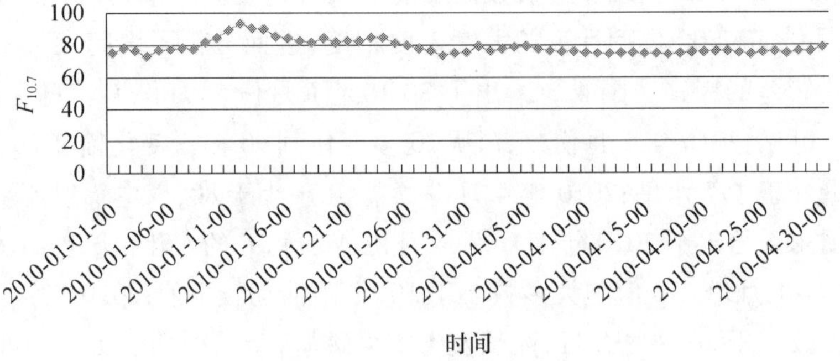

图 4.3　2010 年 1 月份、4 月份 $F_{10.7}$日变化情况

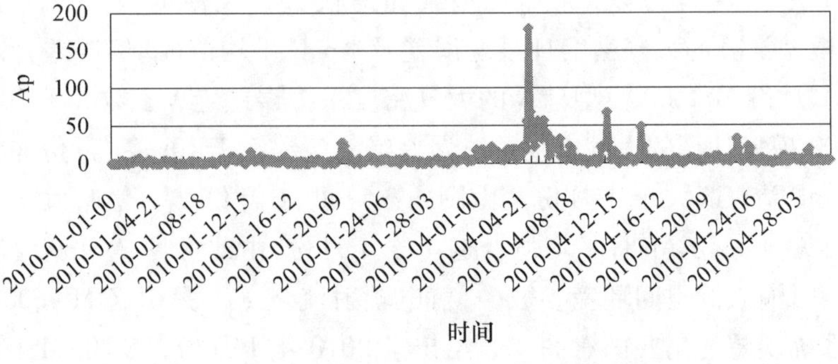

图 4.4　2010 年 1 月份、4 月份 Ap 每 3h 变化情况

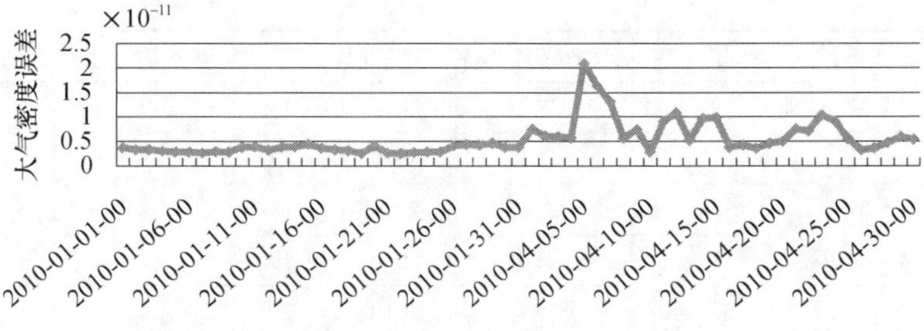

图 4.5　2010 年 1 月份、4 月份 MSIS00 模型计算大气密度日最大绝对值误差

表 4.6　2010 年 1 月份 MSIS00 大气密度模型精度

时间	平均 Ap	系统误差/%	时间	平均 Ap	系统误差/%
2010 - 01 - 01	0	- 45. 68	2010 - 01 - 16	1	- 25. 64
2010 - 01 - 02	1	- 42. 24	2010 - 01 - 17	1	- 23. 45
2010 - 01 - 03	4	- 37. 73	2010 - 01 - 18	3	- 24. 54
2010 - 01 - 04	2	- 25. 1	2010 - 01 - 19	1	- 18. 22
2010 - 01 - 05	1	- 19. 59	2010 - 01 - 20	12	- 18. 96
2010 - 01 - 06	1	- 20. 07	2010 - 01 - 21	5	- 5. 6
2010 - 01 - 07	0	- 19. 26	2010 - 01 - 22	3	- 11. 47
2010 - 01 - 08	1	- 20. 51	2010 - 01 - 23	5	- 13. 62
2010 - 01 - 09	1	- 20. 66	2010 - 01 - 24	4	- 7. 31
2010 - 01 - 10	3	- 24. 21	2010 - 01 - 25	3	- 11. 07
2010 - 01 - 11	6	- 21. 31	2010 - 01 - 26	3	- 28. 72
2010 - 01 - 12	4	- 19. 12	2010 - 01 - 27	1	- 33. 13
2010 - 01 - 13	7	- 27. 21	2010 - 01 - 28	3	- 34. 32
2010 - 01 - 14	4	- 24. 57	2010 - 01 - 29	1	- 38. 22
2010 - 01 - 15	4	- 33. 81	2010 - 01 - 30	5	- 39. 52

表 4.7　2010 年 4 月份 MSIS00 大气密度模型精度

时间	平均 Ap	系统误差/%	时间	平均 Ap	系统误差/%
2010-04-01	12	-2.21	2010-04-16	3	-4.96
2010-04-02	13	-0.17	2010-04-17	3	-7.29
2010-04-03	9	-2.08	2010-04-18	3	-8.7
2010-04-04	13	-1.54	2010-04-19	4	-11.52
2010-04-05	55	2.84	2010-04-20	4	-4.2
2010-04-06	44	13.94	2010-04-21	6	3.84
2010-04-07	22	2.88	2010-04-22	6	1.2
2010-04-08	12	-3.79	2010-04-23	10	2.5
2010-04-09	6	-0.13	2010-04-24	7	-4.31
2010-04-10	3	-1.9	2010-04-25	3	-2.6
2010-04-11	12	-4.36	2010-04-26	2	-2.64
2010-04-12	19	10.62	2010-04-27	4	-3.87
2010-04-13	3	4.58	2010-04-28	3	-2.79
2010-04-14	10	-6.58	2010-04-29	6	1.56
2010-04-15	8	-5.57	2010-04-30	3	3.08

4.4　影响大气密度的空间环境参数预报置信度

根据对空间目标的监测能力及碰撞预警的时效性要求，本节分别针对 24h、72h、168h 三个不同的时间节点分析了环境预报参数预报的置信度。

4.4.1　$F_{10.7}$预报置信度分析

假设样本总数为 N，给定误差 ε，若满足：

$$\left|\frac{F_{10.7\text{p}} - F_{10.7\text{r}}}{F_{10.7\text{r}}}\right| \leqslant \varepsilon \tag{4.185}$$

的样本总和为 M，则置信度为

$$P_F = \frac{M}{N} \tag{4.186}$$

式中：$F_{10.7\text{p}}$、$F_{10.7\text{r}}$ 分别为 $F_{10.7}$的预测值和事后公布准确值。

本节以美国 Celes Trak 网站每天公布未来 3 个月内 $F_{10.7}$为标准，选取了 2003—2013 年太阳活动低年（$F_{10.7} < 80$）、太阳活动正常（$80 < F_{10.7} < 120$）、太阳活动高年（$F_{10.7} > 120$）3 个时期进行了大样本采样统计，分析了置信度 P_F 大于

90% 时，太阳不同活动时期 $F_{10.7}$ 预报不同天数的给定误差 ε。经统计分析，短时间内 $F_{10.7}$ 的变化比较缓慢，预报误差和 $F_{10.7}$ 本身的大小没有强相关性，即太阳活动低年、太阳活动正常、太阳活动高年 $F_{10.7}$ 的预报相同时间误差相似，结果见表 4.8。

表 4.8 $F_{10.7}$ 预报精度

预报天数	1 天	3 天	7 天
ε/%	2	5	10

4.4.2 Ap 预报置信度分析

假设样本总数为 N，给定误差 ε，若满足：

$$\left|\frac{\mathrm{Ap_p}-\mathrm{Ap_r}}{\mathrm{Ap_r}}\right| \leqslant \varepsilon \tag{4.187}$$

的样本总和为 M，则置信度为

$$P_A=\frac{M}{N} \tag{4.188}$$

式中：$\mathrm{Ap_p}$、$\mathrm{Ap_r}$ 分别为 Ap 的预测值和事后公布准确值。

本节以美国 CelesTrak 网站每天公布未来 3 个月内 Ap 为标准，选取了 2003—2013 年近地磁活动平静期（Ap < 25）、地磁小扰动期（25 < Ap < 50）、地磁暴期（Ap > 50）3 个时期进行了大样本采样统计，分析了置信度 Ap > 90% 时，地磁不同活动时期 Ap 预报不同天数的给定误差 ε，结果见表 4.9。由表 4.9 可见，相同置信度下，Ap 预报误差在地磁活动平静期约 20%，地磁小扰动期约 60%，地磁暴期约 85%，预报时长对 Ap 预报误差影响较小。

表 4.9 Ap 预报精度

地磁活动情况	误差 \ 预报天数	1 天	3 天	7 天
磁静	ε/%	18.6	19.5	21.9
磁扰	ε/%	58.7	60.1	62.8
磁暴	ε/%	83.4	85.9	87.1

4.4.3 环境参数预报对轨道预报误差的影响

根据 4.4.2 节的分析结果，在不同太阳活动、地磁环境情况下，设备添加相应的预报误差，可仿真分析 $F_{10.7}$、Ap 大气密度模型输入参数的预报误差对不同高度空间目标轨道预报(采用 MSIS00 大气密度模型)影响。

表4.10 给出了不同太阳辐射流量 $F_{10.7}$ 对 400 ~ 1000km 轨道高度空间目标轨道预报误差的影响。为了尽可能减少地磁指数对其影响,分析中假设地磁处于磁静期,取 Ap = 7。另外,目标面质比取 0.02,其为大多数卫星的面质比近似值。

表4.10 $F_{10.7}$ 预报误差对轨道预报误差的影响

轨道高度/km	$F_{10.7}$	轨道预报误差/m											
		1天				3天				7天			
		位置误差	R向误差	T向误差	N向误差	位置误差	R向误差	T向误差	N向误差	位置误差	R向误差	T向误差	N向误差
400	低年	0.388	0.007	0.388	0.001	490.8	3.10	490.8	0.123	5368.2	24.37	5368.1	1.308
	正常	1.017	0.016	1.017	0.001	1178.0	7.79	1178.0	0.297	12822.6	66.40	12822.5	3.133
	高年	1.936	0.029	1.936	0.002	2055.6	13.97	2055.6	0.519	22208.1	131.29	22207.8	5.436
500	低年	0.068	0.002	0.068	0.001	89.0	0.53	89.0	0.022	982.9	4.01	982.9	0.230
	正常	0.221	0.004	0.221	0.001	279.4	1.72	279.4	0.069	3066.9	13.24	3066.9	0.719
	高年	0.482	0.008	0.482	0.001	582.8	3.66	582.7	0.143	6331.8	29.15	6331.8	1.484
600	低年	0.015	0.001	0.015	0.001	18.7	0.11	18.7	0.005	206.9	0.82	206.9	0.048
	正常	0.054	0.002	0.054	0.001	71.9	0.43	71.9	0.018	794.5	3.23	794.5	0.182
	高年	0.134	0.003	0.134	0.001	176.1	1.07	176.1	0.043	1924.1	8.03	1924.1	0.439
700	低年	0.005	0.001	0.005	0.001	5.0	0.03	5.0	0.002	54.9	0.22	54.9	0.013
	正常	0.016	0.001	0.016	0.001	20.5	0.12	20.5	0.006	226.4	0.89	226.4	0.051
	高年	0.042	0.002	0.042	0.001	56.7	0.34	56.7	0.014	622.0	2.47	622.0	0.138
1000	低年	0.002	0.001	0.002	0.001	0.6	0.01	0.6	0.001	6.3	0.03	6.3	0.002
	正常	0.002	0.001	0.002	0.001	1.4	0.01	1.4	0.001	14.9	0.06	14.9	0.004
	高年	0.003	0.001	0.003	0.001	3.3	0.02	3.3	0.002	36.1	0.14	36.1	0.008

由表4.10 可见,对于不同轨道高度空间,由 $F_{10.7}$ 的误差引起的轨道预报 1 天误差小于 1m,主要是因为 MSIS00 大气密度模型中输入的 $F_{10.7}$ 为前一天的值和前后 81 天的平均值,前一天的 $F_{10.7}$ 有实测值,不受预报误差影响,81 天为太阳 3 个太阳自转周期,其中某几天的 $F_{10.7}$ 预报误差对 81 天的平均值影响很小,因此,$F_{10.7}$ 的误差对 1 天轨道预报几乎没有影响,随着预报时长的增加,$F_{10.7}$ 误差累积影响逐步增加。对于轨道高度 500km 及以上目标,太阳活动低年及太阳活动正常时,由 $F_{10.7}$ 的误差引起的轨道预报 3 天误差小于 300m,太阳活动高年时小于 600m。对于轨道高度 600km 及以上目标,太阳活动低年及太阳活动正常时,由 $F_{10.7}$ 的误差引起的轨道预报 7 天误差小于

800m，太阳活动高年时小于 2km，因此，7 天内的危险目标筛选阶段，非太阳活动高年，由于 $F_{10.7}$误差导致漏警的可能性较小。对于 1000km 轨道高度的空间目标，无论在太阳活动低年、正常、高年，$F_{10.7}$预报误差带来的轨道误差都不超过 50m，即对于轨道高度大于 1000km 的目标，$F_{10.7}$预报误差对其轨道影响很小。

进一步分析，当预报时长大于 24h 时，在 81 天 $F_{10.7}$平均值和前一天 $F_{10.7}$具有相同误差的情况下，$F_{10.7}$的 81 天平均值对轨道的影响比前一天的值影响大。根据 4.3 节分析结果，$F_{10.7}$会导致大气密度的系统误差，进而引起轨道确定及预报的系统误差，系统误差可在轨道确定过程中被求解，通过求解的系统误差进行预报修正可大大消弱该部分对轨道预报精度的影响。

表 4.11 给出了不同地磁情况下 Ap 对 400 ~ 1000km 轨道高度空间目标轨道预报误差的影响。为了尽可能减少 $F_{10.7}$对其影响，分析中假设太阳活动处于低年，取 $F_{10.7}=80$。同样，目标面质比取 0.02。由表 4.11 可见，对于轨道高度大于 700km 的空间目标，Ap 预报误差对轨道预报误差影响较小，即使在磁暴期预报 7 天，位置误差约 1.5km，和目标的编目定轨精度相当，对危险目标的筛选影响很小。对于轨道高度小于 700km 的目标，随着轨道高度降低，Ap 误差对轨道预报位置误差的影响急剧增大，且随着预报时长的增大，位置误差增大速度很快，地磁暴时位置误差远大于磁扰期和磁静期。以预报 7 天为例：磁静期，轨道高度分别为 400km、500km、600km 的空间目标预报位置误差分别为 3km、0.6km、0.1km；磁扰期，相应轨道高度的空间目标预报位置误差分别为 19km、4.3km、1.1km；磁暴期，相应轨道高度的空间目标预报位置误差分别为 63km、15km、4km。对于轨道高度小于 700km 的目标，无论 7 天的危险目标筛选阶段、3 天的黄色预警阶段，还是 1 天的红色预警阶段，Ap 误差对其轨道的影响不可忽略。

表 4.11　Ap 预报误差对轨道预报误差的影响

轨道高度/km	地磁情况	轨道预报误差/m											
		1 天				3 天				7 天			
		位置误差	R 向误差	T 向误差	N 向误差	位置误差	R 向误差	T 向误差	N 向误差	位置误差	R 向误差	T 向误差	N 向误差
400	磁静	63	1.09	63	0.02	571	3.99	571	0.14	3109	14.3	3109	0.77
	磁扰	381	6.33	381	0.12	3440	25.2	3440	0.87	18725	109	18725	4.63
	磁暴	1277	21.0	1277	0.40	11553	92.5	11552	2.92	62966	570	62964	15.6

（续）

轨道高度/km	地磁情况	轨道预报误差/m											
		1天				3天				7天			
		位置误差	R向误差	T向误差	N向误差	位置误差	R向误差	T向误差	N向误差	位置误差	R向误差	T向误差	N向误差
500	磁静	12	0.19	12	0.00	113	0.74	113	0.03	615	2.66	615	0.15
	磁扰	87	1.43	87	0.03	790	5.46	790	0.19	4309	20.2	4309	1.03
	磁暴	301	4.98	301	0.09	2733	19.7	2733	0.67	14912	82.3	14912	3.55
600	磁静	2.6	0.04	2.6	0.00	24	0.15	24	0.01	130	0.55	130	0.03
	磁扰	23	0.37	23	0.01	205	1.38	205	0.05	1120	4.93	1120	0.26
	磁暴	84	1.41	84	0.02	755	5.24	755	0.18	4131	19.4	4131	0.96
700	磁静	0.6	0.01	0.6	0.00	5.6	0.04	5.6	0.00	31	0.13	31	0.01
	磁扰	6.3	0.10	6.3	0.00	57	0.38	57	0.01	314	1.35	314	0.07
	磁暴	26	0.45	26	0.01	233	1.59	233	0.05	1275	5.68	1275	0.29
1000	磁静	0.05	0.00	0.05	0.00	0.5	0.004	0.5	0.00	2.5	0.01	2.5	0.002
	磁扰	0.3	0.01	0.3	0.00	2.7	0.02	2.7	0.00	15	0.06	15	0.004
	磁暴	1.3	0.02	1.3	0.00	12	0.08	12	0.00	65	0.28	65	0.01

由上述分析可见，空间环境参数误差对低轨道空间目标的轨道预报影响很大，表4.11中的统计结果为Ap预报置信度大于90%时其对轨道预报的影响，特殊情况下影响更大。文献[91]分析了不同大气密度模型在不同地磁情况下对不同卫星24h轨道预报影响，根据分析结果，当磁扰时，YG1A－93卫星24h预报误差达到10km。当地磁活动更剧烈或者目标的面质比增大时、空间环境参数对轨道的预报影响更大。

4.5 航天器碰撞预警计算中大气摄动计算策略

为了尽可能降低空间环境对空间目标轨道的影响，提高航天器碰撞预警结果的可信度，航天器碰撞预警计算中轨道确定策略尤为关键。轨道确定策略包括测轨数据的选取、定轨参数的求解、动力学模型的选取等，定轨策略是影响轨道预报精度的关键因素。

4.5.1 解算大气阻力系数吸收系统误差

大气阻力模型计算的准确性是低轨道空间目标确定和预报最大的误差源。而按现有认识水平，大气阻力模型误差主要由空间目标迎风大气阻力面积不确定性引起的面质比误差、大气密度模型误差、10.7cm 太阳辐射流量表征参数 $F_{10.7}$预报值误差、地磁指数表征参数 Ap 预报误差组成。这四种误差在事后轨道确定阶段和实时轨道预报阶段的影响特性又不相同。

大气阻力面积不确定性主要取决于空间目标的姿态。在合作目标的测量中,目标姿态可通过合作目标的内部遥测参数精确获得。在非合作目标测量中,目标的大气阻力迎风面积、姿态和质量都是未知参数。当该空间目标的姿态稳定或呈短周期规律变化时,使用天量级长度的测轨数据联合解算轨道时,可将面质比误差当作天量级的系统误差对待。由 4.3 节,大气密度模型误差和 $F_{10.7}$表征参数预报误差都可当作天量级的系统误差。在一年的大部分时段,地磁是平静的,在磁静期,地磁指数表征参数的预报误差对大气模型影响小,并且引起的大气密度误差也基本是天量级的系统误差。可见,在地磁平静阶段,影响大气阻力模型精度的四个主要误差源都以天量级的系统误差为主项。而一年 365 天中,地磁平静的天数约占 90% 。在式(4.1)大气阻力 f_{DG}的计算中,c_d 与面质比等大气阻力 4 个主要误差项并列,当 4 个误差项以系统偏差为主项时,它们就和 c_d 强相关。当轨道确定时,使用天量级长度的测轨数据弧段,把 c_d 和轨道元素都当未知量解算,大气阻力模型的天量级系统偏差都被解算的 c_d 吸收。在轨道预报中,使用解算的轨道和解算的 c_d 一并进行轨道外推时,大气阻力模型 4 个主要误差项中的天量级系统偏差被有效削弱。

为了更直观地体现解算大气阻尼系数 c_d 吸收系统误差的效果,表 4.12 给出了不同轨道类型空间目标是否解算 c_d 预报 24h 轨道位置误差统计结果。3 个目标轨道均为近圆轨道,轨道高度为平均高度,固定 c_d 为本次定轨过程中未解算 c_d,进行轨道预报时使用前一次定轨时求解的 c_d 值。由表 4.12 可见,对于目标 1、目标 2、目标 3,使用固定 c_d 值预报 24h,相对于利用解算的 c_d 值进行轨道预报,位置误差分别增大了约 2.5 倍、1.7 倍、1.2 倍,误差主要分布在 T 方向,且随着预报时长的增大,误差增长更剧烈。因此,c_d 的解算可明显提高低轨目标轨道预报的精度。

表 4.12　不同轨道类型空间目标是否解算 c_d 预报 24h 位置误差

目标序列	轨道高度/km	位置误差(解算 c_d)/m				位置误差(固定 c_d)/m			
		P	R	T	N	P	R	T	N
1	276	1518	24	1518	11	3882	46	3882	11
2	452	278	4	278	1	465	7	465	1
3	514	262	2	257	47	317	2	314	47

注:P 为总位置误差,R、T、N 分别为其在径向、横向、法向的分布。

4.5.2 地磁活动正常状态下大气阻力系数应用与定轨预报影响因素分析

如何更精细地解算大气阻力系数，是一个工程实践问题。大气阻力系数的解算精度与目标的测轨数据精度、数据弧长、空间环境参数及大气密度模型等因素相关，文献[92]通过比较分析，给出了不同轨道高度目标，利用测轨数据的适宜时长。

本节首先选取了高度为340km的某目标，分别使用0.5天、1天、1.5天及2天的全天时测轨数据，分析了其定轨位置误差及预报36h位置误差在径向（R向）、迹向（T向）、法向（N向）的分量，结果见表4.13。其中，利用0.5天数据定轨过程中只求解了目标的位置、速度，利用1天、1.5天及2天数据定轨过程中同时解算了目标的位置、速度及大气阻力系数。由表4.13可见，数据弧长越短，定轨误差越小，但是利用0.5天数据定轨后的轨道预报误差最大，利用1.5天数据的轨道预报误差最小。其原因主要是定轨过程是轨道向测量数据逼近的过程，弧段越短，约束因素越少，因此，轨道确定内符合精度高。当然，弧段不能过短，具体数值与目标轨道高度相关。轨道预报精确不仅与定轨精度相关，同时受动力学模型精度影响。对于高度340km的目标，动力学模型中的大气模型误差对轨道预报误差起主导作用，所以利用0.5天数据虽然定轨内符合精度高，但由于测轨数据弧段短，不能正确求解c_d，轨道预报使用的c_d值和c_d真实值偏差大，所以导致轨道预报误差发散很快。与利用1.5天数据定轨预报比较，利用1天、2天数据定轨后轨道预报误差增大，主要是c_d求解不准确引起的，定轨时利用的测轨数据弧长过短，利用最小二乘法轨道确定时冗余信息不足，导致c_d值解算不准确。反之，如果定轨时利用的测轨数据弧长过长，在此过程由于空间环境、目标姿态等变化，基于天量级的系统差假设不再存在，c_d变化幅度较大，而定轨求解一个c_d值，即认为整个长弧数据段内c_d为固定值，因此导致预报误差增大。针对此问题，有人提出了分段解c_d的方法，该方法只能提高定轨内符合精度，而对轨道预报精度的提高没有贡献，甚至可能引起更大的轨道预报误差。

表4.13 利用不同时长数据定轨预报精度

定轨弧长/天	定轨位置误差/m			预报36h位置误差/m		
	R	T	N	R	T	N
0.5	52.1	21.2	19.6	85.2	−6345.5	22.7
1.0	81.0	62.0	51.4	78.3	−5440.7	16.4
1.5	96.1	189.2	52.6	−17.6	1323.0	−3.6
2.0	−34.8	−361.9	−5.5	−32.4	4919.6	−7.4

影响 c_d 的解算精度除定轨弧长外,与大气密度模型本身紧密相关[93]。本节以轨道高度为600多千米的某卫星为例,分别采用JACCHIA77、DTM78、MSIS90、MSIS00大气密度模型,利用1天、2天、3天、4天、5天、6天、7天测轨数据进行轨道确定,预报1天、7天、30天的轨道精度,表4.14给出了统计结果。由表4.14可见:轨道预报精度与初始轨道精度(定轨使用的数据和大气密度模型)和预报的动力学模型精度(预报采用的大气密度模型)多因素相关;在解算 c_d 并用于轨道预报后,不同大气密度模型对短期轨道预报(预报1天)精度的影响不明显,短期轨道预报精度主要受定轨使用测轨数据弧长的影响,采用不同大气密度模型,使用小于6天的测轨数据预报精度相当,使用6天、7天测轨数据预报误差明显增大;在中长期轨道预报(预报7天、30天)中,MSIS、DTM78大气模型和JACCHIA77相比,具有较明显的优势,且使用6天、7天测轨数据轨道预报精度明显优于利用短弧数据轨道预报精度;很难找出一个在任何情况下都最好的模型,这也是目前国际上各种模型都在使用的原因。在准实时定轨预报情况下,由于所使用的预报空间环境参数精度不稳定,达到最小轨道预报误差很难。

表4.14　使用不同大气密度模型定轨预报最大位置误差　　单位:m

模型	预报时长 / 定轨跨度	1天	7天	30天
JACCHIA77	1天	20.22	2390.56	62104.38
	2天	58.83	1372.30	46472.36
	3天	40.23	1701.86	51118.44
	4天	37.96	1746.11	51728.31
	5天	49.66	1618.22	50160.31
	6天	96.77	1148.28	44694.76
	7天	151.94	662.95	39339.49
DTM78	1天	46.55	1185.94	38336.89
	2天	76.91	412.62	24665.76
	3天	38.85	1038.38	35010.41
	4天	32.81	1151.55	36623.92
	5天	57.52	843.05	32603.23
	6天	118.49	497.68	24907.58
	7天	166.37	685.87	19876.20

（续）

模型	预报时长 定轨跨度	1 天	7 天	30 天
MSIS00	1 天	30.76	1671.20	42608.08
	2 天	69.53	599.36	25349.68
	3 天	40.92	1127.30	33161.04
	4 天	37.03	1202.36	34250.88
	5 天	58.53	937.92	30769.91
	6 天	116.75	444.30	23352.17
	7 天	172.75	657.77	17428.52
MSIS90	1 天	20.20	1735.35	42372.15
	2 天	51.94	835.46	27765.95
	3 天	39.05	1074.53	31349.93
	4 天	40.72	1059.30	31159.03
	5 天	68.75	701.50	26356.44
	6 天	114.39	456.54	20478.69
	7 天	152.49	604.09	16430.39

综上所述，低轨道目标 c_d 的解算精度与密度模型、数据弧长等多种因素相关，当预报时长大于 3 天时，根据经验和轨道预报精度统计结果，一般取 DTM 或者 MSIS 大气密度模型，表 4.15 给出了空间目标碰撞预警过程中，不同高度近圆轨道目标（由于椭圆目标，特别是非合作目标，测轨难度大，定轨比较复杂）定轨弧段的建议长度。另外，对于低轨道目标，空间环境对定轨及预报影响较大，表 4.15 的建议弧长是指太阳活动正常条件下，当空间环境参数特别是 Ap 变化较大时，可缩短测轨时间跨度解算 c_d，以提高轨道预报精度。

表 4.15　不同轨道高度目标定轨弧段的适宜时间跨度

轨道高度/km	定轨适宜时间跨度/天
300 ~ 400	1.5 ~ 2
400 ~ 500	2 ~ 2.5
500 ~ 600	2.5 ~ 3
600 ~ 800	3 ~ 4
>800	>4

4.5.3　地磁活动异常下大气阻力系数应用与定轨预报影响因素分析

当预警进行准实时轨道解算和预报时，没有 Ap 的实测值。当磁暴发生时，通过检测解算的 c_d 值是否异常，可第一时间发现磁暴，为提高轨道预报精度，选择合适策略创造了条件。在轨道预报中，轨道周期变率的确定和预报精度与轨道预报精度直接相关。在低轨空间目标中，轨道半长轴误差 800m，约对应周期变率 1s 的误差。由于空间目标飞行速度约 8km/s，N 圈轨道预报的轨道位置飞行方向误差即为$(8 \times N)$km。文献[91]对地磁异常时地磁指数对低轨道卫星轨道周期变率及定轨精度的影响有更详细的研究。本节以 2015 年 3 月 17 日的磁暴为例，分析了不同目标解算的 c_d 与 Ap 变化的一致性。

北京时间 2015 年 3 月 12 日 0 时 11 分，太阳活动区 AR2297 爆发大 X 射线耀斑（X2.2 级），达到橙色警报级别。活动区 AR2297 自 3 月 5 日转入日面以来，频繁爆发，共产生了 1 个 X2.2 级和 10 个 M 级 X 射线耀斑。3 月 15 日发生了全晕日冕物质抛射（CME），CME 于 17 日 11 时左右到达地球，太阳风速度最高上升至 670km/s 左右，行星际磁场南向分量（IMF）最低降至 -28nT 左右，受此影响，地球磁场强烈扰动，3 月 17 日 Ap 达到 117。重现性冕洞高速流（CIR）于 18 日 21 时左右到达地球，受冕洞高速流和日冕物质抛射共同影响，太阳风速度上升至 760km/s，地磁持续扰动，17 日至 19 日共有 12h 达到大磁暴水平，12h 达到中等磁暴水平，40h 达到小磁暴水平，15h 达到活跃水平。此次地磁暴是进入第 24 太阳活动周（2008 年开始）以来最强的磁暴。

图 4.6 给出了 2015 年 3 月 15 日至 20 日 Ap 变化情况。表 4.16 给出了 4 个不同目标的轨道高度、质量、面积、半长轴衰减量及解算的 c_d。图 4.7

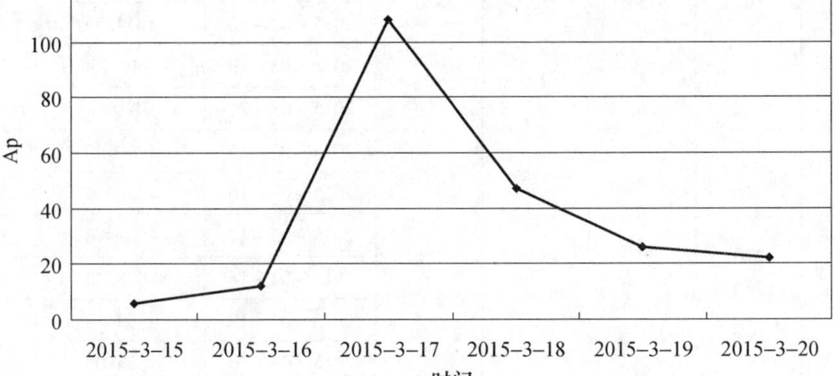

图 4.6　2015 年 3 月 15 日至 20 日 Ap 变化情况

年给出了4个不同目标2015年3月15日至20日 c_d 变化情况。对比图4.6和图4.7可见，c_d 值与Ap变化具有很好的一致性，即通过解算 c_d 可以吸收Ap误差。由表4.16可见，大气阻尼会引起目标轨道衰减，磁暴会引起目标轨道衰减量增大，但是4个目标均为3月17日解算的 c_d 最大，3月18日轨道衰减量最大，分析其原因。3月17日的Ap达到最大，而轨道衰减有一定的延续性。

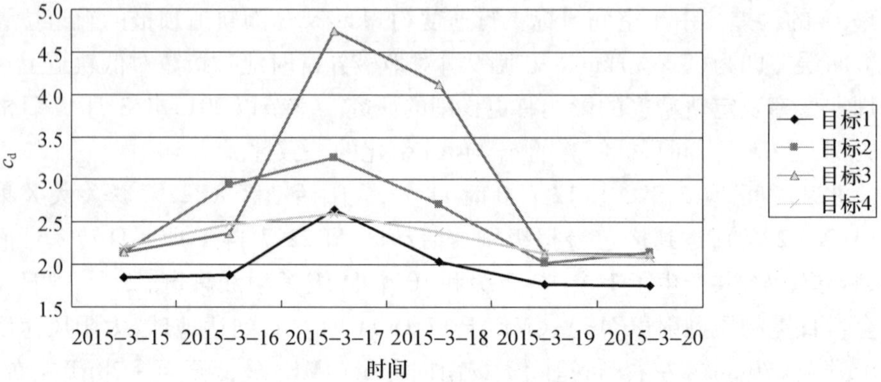

图4.7　4个不同目标2015年3月15日至20日(c_d)变化情况

表4.16　轨道衰减及大气阻尼系数解算情况统计

目标序列	H_p/km	H_a/km	质量/kg	迎风面积/m^2	时间(UTC)	平半长轴衰减量/m	解算 c_d
1	305	334	450.0	3.6	2015-03-15	709.87	1.85
					2015-03-16	690.77	1.87
					2015-03-17	910.63	2.65
					2015-03-18	1044.85	2.04
					2015-03-19	746.43	1.77
					2015-03-20	723.47	1.75
2	276	303	460.0	3.6	2015-03-15	1230.45	2.14
					2015-03-16	1259.79	2.95
					2015-03-17	1601.78	3.26
					2015-03-18	2098.48	2.71
					2015-03-19	1493.38	2.02
					2015-03-20	1528.99	2.14

（续）

目标序列	H_p/km	H_a/km	质量/kg	迎风面积/m^2	时间(UTC)	平半长轴衰减量/m	解算 c_d
3	467	482	67.0	0.273	2015-03-15	75.11	2.15
					2015-03-16	68.06	2.36
					2015-03-17	59.69	4.75
					2015-03-18	136.40	4.12
					2015-03-19	73.49	2.13
					2015-03-20	54.70	2.12
4	463	479	3100.0	22.1	2015-03-15	26.38	2.21
					2015-03-16	31.85	2.47
					2015-03-17	32.98	2.60
					2015-03-18	75.82	2.38
					2015-03-19	22.59	2.12
					2015-03-20	45.96	2.08

当完成轨道确定，检测并发现 c_d 解算值异常时，需修改定轨和预报策略，以稳定地磁异常下的轨道预报精度。从大量的统计可以发现，地磁暴时 Ap 的剧烈跳跃变化一般发生在数小时以内，Ap 跳变后，迅速回到正常值或关联几个小的磁扰，其持续时间并不长，一般不超过 1～2 天。在地磁暴时 c_d 解算异常，此时定轨使用的地磁指数输入文件中，当天 Ap 无实测值，只有预报值，该预报值按正常水平预测并未反映地磁暴的真实状态，因此用此种状态下解算的 c_d 值作为后续预报轨道的依据必然带来巨大误差。在表 4.16 中，以目标 2 为例，c_d 在 3 月 17 日达到极值，每日解算的 c_d 值从 3 月 15 日的 2.14 变化到 3.26，经过一天变化，到 3 月 19 日又回到 2.02。目标 2 的半长轴量从每日正常衰减 1.2km 突变到 2km，后又降低到 1.5km 的水平。该量引起的轨道周期变率误差约 0.7s，它对轨道预报的影响，预报 1 圈约为 $0.7\times8=5.6$(km)，预报一天(16 圈)达 $16\times0.7\times8=90$(km)。因此，当轨道确定发现 c_d 解算异常后，不能使用异常的 c_d 直接进行后期碰撞预警的轨道预报工作。此时，减低磁暴对轨道预报精度影响的最佳方法是根据最新的公布资料或 Ap 统计经验，重新人工调整构造当天和未来数天合理的 Ap 值，使解算的 c_d 符合正常变化规律。用该 c_d 进行碰撞预警的轨道预报，一定程度上减低磁暴对碰撞预警可信度的影响。

通过国际空间环境学者的不断努力，人们对磁暴的起因有了一定的认识。根据目前认识水平，地磁暴是和太阳太阳日冕物质抛射强相关的。当太阳日冕物质抛射发生后 24 ~ 48h,其产生的“激波”才能到达地球并引起地磁暴。因此,实时监视太阳日冕物质抛射事件,可提前 24h 预知地磁暴的发生。该认识为预测地磁暴提供了可能,特别是为评判 24h 碰撞预警的可信度提供了直接的依据。在低轨道空间目标轨道计算和预报中,大气阻力摄动模型误差是轨道确定和预报的主项。而引起该模型误差的四个因素中,面质比、大气密度模型、$F_{10.7}$参数预测模型的三个误差都是以天为单位的系统误差,可通过解算 c_d 消除,只有地磁暴时 Ap 的预测误差无法控制。当通过监测太阳黑子的变化,可肯定地预测未来 24h 无地磁暴时,此时影响大气阻力摄动模型的四个误差项都可控制。太阳黑子在一年中即使在太阳活动高年爆发的天数也低于总天数的 10%。这意味着,在绝大多数情况下可预测未来 24h 无磁暴。这充分表明,24h 之内低轨空间目标的轨道预报精度可控,据此开展的碰撞预警结果置信度高。

第 5 章　航天器防碰预警轨道计算方法

空间碎片与航天器飞行安全首先需要获取大批量空间碎片的轨道信息,因此对空间碎片进行轨道计算与预报是空间碎片监视的重要部分。空间目标轨道计算主要指通过空间监视网获取轨道测量数据,利用轨道测量数据和轨道确定算法进行轨道参数估值求解,并将更新的轨道参数入库,待需要时利用最近一次估值的轨道参数和指定的轨道预报模型快速进行短期、中期或长期轨道预测的过程。

轨道计算分为精密轨道计算和编目轨道计算。其中:精密轨道计算的原则是动用一切测量和计算资源,尽最大可能跟踪、测量并获得空间目标最精确的轨道;编目轨道计算的原则是在系统资源有限的情况下,合理分配资源尽最大可能维持最多的空间目标编目数量。因此,在追求精度极限的目标下,全世界精密轨道计算的方法模型基本一致,它采用最小截断误差的数值积分方法、最精细的动力学模型和最优的估值方法。

作为一种低精度的简化方法,编目轨道计算根据简化方式和目的的不同而有多种方法。常用的编目方法主要有数值法、解析法和半解析法。目前美国空间监视网(SSN)对外发布的空间目标轨道根数主要使用的是基于 SGP4/SDP4 轨道预报模型的解析法,同时进行空间安全分析、碰撞预警时采用"特殊摄动"计算,此处"特殊摄动"即为数值法定轨算法。美国每天对空间目标进行数次轨道确定,并在联合太空运行中心(JSpOC)的精轨轨道库中更新每个空间目标的定轨信息。俄罗斯采用的定轨方法较多[9],其中有一套半分析法,包含地球非球形引力$J_{mn}(m,n\leqslant 5)$项的主要影响,对于高轨目标还加入了太阳辐射,并采用了更复杂的日月摄动模型。我国紫金山天文台基于拟平均根数法也建立了一套半分析方法,这种方法包含了较完整的力学模型,它将计算卫星运动问题转化为保留长周期变化项的拟平根数的运动方程和短周期摄动表达式两个部分。

5.1　精密轨道计算方法

5.1.1　轨道参数最优估计方法

轨道参数最优估计其实是在获取一系列观测数据的前提下,获得轨道参数的最优估计值的过程，这一最优估计值可使得计算出的观测数据的理论值和实测值之差在某种判据下最小。目前常用的轨道参数估计方法是基于最小二乘法的轨道改进，该方法对任何动力学模型均适用。卡尔曼滤波、批处理最小二乘、具有先验值的最小二乘估计等常见的定轨方法均是根据时效性、精度等不同要求，在传统最小二乘法的基础上发展而来。

空间目标运动对应的动力学模型为

$$\begin{cases}\dot{\boldsymbol{X}}=\boldsymbol{F}(\boldsymbol{X},t)\\ \boldsymbol{X}(t_0)=\boldsymbol{X}_0\end{cases} \tag{5.1}$$

式中：$\boldsymbol{X}$ 为待改进的状态量，对于不同的定轨方法它具有不同的含义，它可以是目标开普勒根数 $\boldsymbol{\sigma}$，也可以是位置和速度矢量以及其他动力学参数矢量 $\boldsymbol{P}^*$。以近地目标为例，$\boldsymbol{P}^*$ 一般为弹道系数 B^*，考虑状态量为位置和速度矢量时，有

$$\boldsymbol{X}=[\boldsymbol{r},\dot{\boldsymbol{r}},B^*]^{\mathrm{T}} \tag{5.2}$$

式(5.1)是 n 维一阶非线性方程组，其解的形式一般为

$$\boldsymbol{X}(t)=\boldsymbol{X}(\boldsymbol{X}_0,t) \tag{5.3}$$

求解 n 维一阶非线性方程组一般使用数值积分算法，具体介绍详见 5.1.2 节。

空间目标监测设备对目标的观测量是状态量的非线性函数，用下式表示：

$$\boldsymbol{Y}_i=G(\boldsymbol{X}_i,t_i)+\varepsilon_i=\widetilde{G}(\boldsymbol{X}_0,t_0,t_i)+\varepsilon_i,\quad i=1,2,\cdots,m \tag{5.4}$$

式中：$\boldsymbol{Y}_i$ 为 t_i 时的实际观测量（简称观测值，记为 O）；$\widetilde{G}(\boldsymbol{X}_0,t_0,t_i)$ 为由初始状态量 $\boldsymbol{X}_0$ 出发，利用动力学模型计算的 t_i 时的计算观测量（简称计算值，记为 C）；ε_i 为随机噪声。

实际上，由于初始状态量 $\boldsymbol{X}_0$ 不准，计算值与观测值不相符。观测值与计算值之差称为"$O-C$"，或观测残差。轨道改进就是通过一系列观测值来估计初始状态量 $\boldsymbol{X}_0$ 的最佳值 $\hat{\boldsymbol{X}}_0$，使得观测残差的加权均方和最小。

定义矢量：

$$\boldsymbol{Y}=\begin{bmatrix}Y_1\\ \vdots\\ Y_m\end{bmatrix}\qquad \widetilde{\boldsymbol{G}}(\boldsymbol{X}_0,t_0,t)=\begin{bmatrix}\widetilde{G}_1(\boldsymbol{X}_0,t_0,t_1)\\ \vdots\\ \widetilde{G}_m(\boldsymbol{X}_0,t_0,t_m)\end{bmatrix}$$

$$\boldsymbol{\varepsilon}=\begin{bmatrix}\varepsilon_1\\ \vdots\\ \varepsilon_m\end{bmatrix}\quad \boldsymbol{W}=\begin{bmatrix}W_1 & & 0\\ & \ddots & \\ 0 & & W_m\end{bmatrix} \tag{5.5}$$

式中：$\boldsymbol{W}$ 为 $m\times m$ 阶的权矩阵；W_i 为每次观测的权系数，并假定每次观测是不等精度的，则有

$$\boldsymbol{Y}=\widetilde{\boldsymbol{G}}(\boldsymbol{X}_0,t_0,t)+\boldsymbol{\varepsilon} \tag{5.6}$$

如前所述,轨道改进就是使观测残差加权的平方和最小,即使得

$$Q=\boldsymbol{\varepsilon}^{\mathrm{T}}\boldsymbol{\varepsilon}=[\boldsymbol{Y}-\widetilde{\boldsymbol{G}}(X_0,t_0,t)]^{\mathrm{T}}\boldsymbol{W}[\boldsymbol{Y}-\widetilde{\boldsymbol{G}}(\boldsymbol{X}_0,t_0,t)] \tag{5.7}$$

最小。

要使 Q 最小,假定$\hat{\boldsymbol{X}}_0$ 为$\boldsymbol{X}_0$ 的最佳估值,则

$$\left.\frac{\partial Q}{\partial \boldsymbol{X}_0}\right|_{X_0=\hat{X}_0}=-2\,[\boldsymbol{Y}-\widetilde{\boldsymbol{G}}(\hat{\boldsymbol{X}}_0,t_0,t)]^{\mathrm{T}}\boldsymbol{W}\left.\frac{\partial \widetilde{\boldsymbol{G}}}{\partial \boldsymbol{X}_0}\right|_{X_0=\hat{X}_0}=0 \tag{5.8}$$

上式是具有 n 个未知量的 n 个非线性函数,只能使用迭代法,所以需对上述轨道确定过程线性化。

假定状态矢量的初始值$\boldsymbol{X}_0^*$ 与最佳估值$\hat{\boldsymbol{X}}_0$ 比较接近,将式(5.4)中 $\widetilde{\boldsymbol{G}}(\boldsymbol{X}_0,t_0,t)$ 在$\boldsymbol{X}_0^*$ 附近展开,则

$$\boldsymbol{Y}=\widetilde{\boldsymbol{G}}(\boldsymbol{X}_0^*,t_0,t)+\left.\frac{\partial \widetilde{\boldsymbol{G}}}{\partial \boldsymbol{X}_0}\right|_{X_0=X_0^*}(\hat{\boldsymbol{X}}_0-\boldsymbol{X}_0^*)+\boldsymbol{\varepsilon} \tag{5.9}$$

令

$$\boldsymbol{y}=\boldsymbol{Y}-\widetilde{\boldsymbol{G}}(\boldsymbol{X}_0^*,t_0,t) \tag{5.10}$$

$$\boldsymbol{x}=\hat{\boldsymbol{X}}_0-\boldsymbol{X}_0^* \tag{5.11}$$

$$\boldsymbol{B}=\left.\frac{\partial \widetilde{\boldsymbol{G}}}{\partial \boldsymbol{X}_0}\right|_{X_0=X_0^*} \tag{5.12}$$

则式(5.10)可构成一个线性系统:

$$\boldsymbol{y}=\boldsymbol{Bx}+\varepsilon \tag{5.13}$$

式(5.13)即为轨道改进的观测误差方程,或称条件方程。

从式(5.13)出发,满足最佳估值的条件成为

$$-2\,(\boldsymbol{y}-\boldsymbol{Bx})^{\mathrm{T}}\boldsymbol{WB}=0 \tag{5.14}$$

可解得

$$\boldsymbol{x}=(\boldsymbol{B}^{\mathrm{T}}\boldsymbol{WB})^{-1}\boldsymbol{B}^{\mathrm{T}}\boldsymbol{Wy} \tag{5.15}$$

式中:$\boldsymbol{B}^{\mathrm{T}}\boldsymbol{WB}$ 为法化矩阵。

式(5.15)称为法方程。这就是加权最小二乘估计,整个过程实际是迭代进行的,收敛后输出的法化矩阵的逆$(\boldsymbol{B}^{\mathrm{T}}\boldsymbol{WB})^{-1}$即为被估参数的协方差矩阵。其对角元素即为被估参数误差的方差。

5.1.2　数值积分方法

解决数值积分问题的方法很多,按照计算相关性主要分为单步法和多步法。单步法仅需一个自变量的函数值就可以得到其他自变量所对应的因变量的值。多步法则需要已知多个自变量的函数值才能求解。多步法在得到相同精度的前提下,计算力模型次数要小于单步法,计算效率更高。通常在数值法

计算轨道的起步阶段使用单步法,为多步法提供开头若干个点的自变量的函数值。

多步法按照阶数分为Ⅰ类和Ⅱ类方法。Ⅰ类方法指的是一次积分,Ⅱ类方法为直接对二阶微分方程求解。这两类方法又可分为定阶定步长和变阶变步长方法。与定阶定步长积分法不同,变阶变步长法通过估计每个节点上的局部截断误差和改变阶及步长来控制积分误差,这样相应的运算量更大。

本节给出一种广泛应用的使用嵌套技术估计局部截断误差以便控制积分步长的龙格—库塔(R-K)单步积分方法——RK7(8)法。这种方法不仅可以直接用于运动方程求解,也可以作为多步法的起步方法。这是由 Fehlberg 提出的一种对一阶方程 $y^{(1)}=f(t,y)$ 进行求解的 R-K 法。这个方法同时给出 7 阶和 8 阶两组公式。将 7 阶和 8 阶公式嵌套在一起,利用两组公式所得解的差来估计局部截断误差,以便达到控制步长的目的。

7 阶公式为

$$\hat{y}_{n+1} = y_n + h\sum_{k=0}^{10}\hat{c}_k f_k \tag{5.16}$$

8 阶公式为

$$y_{n+1} = y_n + h\sum_{k=0}^{12} c_k f_k \tag{5.17}$$

其中

$$f_0 = f(t_n, y_n)$$

$$f_k = f(t_n + \alpha_k h, y_n + h\sum_{j=0}^{k-1}\beta_{k,j} f_k),\quad k = 1,2,\cdots,12 \tag{5.18}$$

常数 $\hat{c}_k$、c_k、α_k、$\beta_{k,j}$ 可查阅相关书籍,不再赘述。

y_{n+1} 就是求出的下一步的解。这时局部截断误差的估计式为

$$T_{n+1} = \hat{y}_{n+1} - y_{n+1} \tag{5.19}$$

经计算得

$$T_{n+1} = \frac{41}{840}(f_0 + f_{10} - f_{11} - f_{12}) \tag{5.20}$$

如果所要求的绝对误差限为 ε_a,相对误差限为 ε_r,令

$$T_r = \max_j \frac{|T_{n+1}(j)|}{|y_{n+1}(j)| + |y_n(j)| + \dfrac{\varepsilon_a}{\varepsilon_r}} \tag{5.21}$$

则有本步积分被拒绝还是接受的度量值:

$$\eta_r = \frac{T_r}{7.5\varepsilon_r} \tag{5.22}$$

如果 $\eta_r>1$，则拒绝；否则，积分一步成功。

按如下公式计算步长伸缩因子 d：

当 $\eta_r>1$ 时，有

$$d=\begin{cases}0.025, & \eta_r \geqslant \dfrac{0.9}{0.025} \\ \dfrac{0.9}{(10\eta_r)^{\frac{1}{8}}}, & \eta_r<\dfrac{0.9}{0.025}\end{cases}$$

当 $\eta_r \leqslant 1$ 时，有

$$d=\begin{cases}20, & \eta_r \leqslant \left(\dfrac{0.9}{20}\right)^8 \\ \dfrac{0.9}{\eta_r^{\frac{1}{8}}}, & \eta_r>\left(\dfrac{0.9}{20}\right)^8\end{cases}$$

如果下一步的步长为 h^*，则

$$h^*=dh$$

5.1.3　数值法精密轨道计算

1. 根数体系

数值法精密轨道计算进行轨道外推时使用力学模型进行数值积分，由于力学模型的输入参数为瞬时轨道参数，因此使用的根数系统为瞬时根数。按照所用参数可进一步分为卫星的位置和速度、开普勒根数、第一类无奇点根数、第二类无奇点根数[5]，目前常用的为位置和速度。在本节中以待求参数位置和速度矢量 $\boldsymbol{X}=[\boldsymbol{r},\dot{\boldsymbol{r}},\boldsymbol{P}^*]^{\mathrm{T}}$ 在进行轨道外推时，使用合适的力学模型进行数值积分。在初始轨道参数和摄动参数相同的情况下，使用的力学模型越精密，外推精度越高。按照选择力学模型的精密程度，可以将数值法定轨分为精密定轨和简易数值法定轨。

2. 法化矩阵

由 5.1.1 节可知，在进行轨道参数优化时需要计算法化矩阵 $\boldsymbol{B}^{\mathrm{T}}\boldsymbol{W}\boldsymbol{B}$，法化矩阵中的 $\boldsymbol{B}$ 矩阵可以通过一些矩阵相乘得到，有

$$\boldsymbol{B}=\frac{\partial Y}{\partial(\boldsymbol{r},\dot{\boldsymbol{r}})}\frac{\partial(\boldsymbol{r},\dot{\boldsymbol{r}})}{\partial \boldsymbol{X}}$$

具体计算分以下两个步骤：

（1）计算观测量相对位置速度的偏导数 $\dfrac{\partial Y}{\partial(\boldsymbol{r},\dot{\boldsymbol{r}})}$。

距离相对位置速度偏导数为

$$\frac{\partial\rho}{\partial\boldsymbol{r}}=\frac{1}{\rho}(\boldsymbol{r}-\boldsymbol{R})^{\mathrm{T}},\frac{\partial\rho}{\partial\dot{\boldsymbol{r}}}=0 \tag{5.23}$$

式中:$\boldsymbol{R}$ 为测站地心向径矢量。

测速相对位置速度偏导数为

$$\frac{\partial\dot{\rho}}{\partial\boldsymbol{r}}=\frac{1}{\rho}\left[(\dot{\boldsymbol{r}}-\dot{\boldsymbol{R}})-\frac{\dot{\rho}}{\rho}(\boldsymbol{r}-\boldsymbol{R})\right]^{\mathrm{T}},\frac{\partial\dot{\rho}}{\partial\dot{\boldsymbol{r}}}=\frac{1}{\rho}(\boldsymbol{r}-\boldsymbol{R})^{\mathrm{T}} \tag{5.24}$$

方位角相对位置速度偏导数为

$$\rho\cos E\,\frac{\partial A}{\partial\boldsymbol{r}}=(a_1,a_2,a_3)^{\mathrm{T}},\frac{\partial A}{\partial\dot{\boldsymbol{r}}}=0 \tag{5.25}$$

其中

$$a_1=-\sin S\cos A+\cos S\sin B\sin A$$

$$a_2=\cos S\cos A+\sin S\sin B\sin A$$

$$a_3=-\cos B\sin A$$

俯仰角相对位置速度偏导数为

$$\rho\,\frac{\partial E}{\partial\boldsymbol{r}}=(e_1,\ e_2,\ e_3)^{\mathrm{T}},\frac{\partial E}{\partial\dot{\boldsymbol{r}}}=0 \tag{5.26}$$

其中

$$e_1=\cos S\cos B\cos E+\sin S\sin E\sin A+\cos S\sin B\sin E\cos A$$

$$e_2=\sin S\cos B\cos E-\cos S\sin E\sin A+\sin S\sin B\sin E\cos A$$

$$e_3=\sin B\cos E-\cos B\sin E\cos A$$

上述各式中出现的 B 和 S 分别为观测站的大地纬度和地方恒星时。

(2) 利用变分方程计算状态转移矩阵 $\boldsymbol{\Phi}(t)$。

在轨道改进过程中,需用到目前状态相对于初始状态矢量的偏导数。数值法在积分运动方程的同时,对变分方程进行积分可得到构成状态转移矩阵的偏导数。式(5.1)两边对待求参数矢量求偏导数获得二阶线性常微分方程组:

$$\ddot{Y}=A(t)Y+B(t)\dot{Y}+C(t) \tag{5.27}$$

式中:$A(t)$、$B(t)$、$C(t)$是 t、$\boldsymbol{r}$、$\dot{\boldsymbol{r}}$ 和$\boldsymbol{P}^*$的函数,在计算摄动加速度时同时求出。

式(5.27)称为变分方程。变分方程的解构成了状态转移矩阵:

$$\boldsymbol{\Phi}(t)=\begin{bmatrix}\dfrac{\partial\boldsymbol{r}}{\partial\boldsymbol{X}}\\[2ex]\dfrac{\partial\dot{\boldsymbol{r}}}{\partial\boldsymbol{X}}\end{bmatrix}_{6\times l}$$

对运动方程和变分方程可以同时进行积分,如用$\boldsymbol{Y}_1$、$\boldsymbol{Y}_2$、$\boldsymbol{Y}_3$ 分别表示 $\boldsymbol{Y}$ 的 3 个行矢量,即

$$\boldsymbol{y} = (\boldsymbol{r}^{\mathrm{T}}, \boldsymbol{Y}_1, \boldsymbol{Y}_2, \boldsymbol{Y}_3, \dot{\boldsymbol{r}}^{\mathrm{T}}, \dot{\boldsymbol{Y}}_1, \dot{\boldsymbol{Y}}_2, \dot{\boldsymbol{Y}}_3)^{\mathrm{T}}$$

于是，两个方程合并成如下二阶常微分方程初值问题：

$$\boldsymbol{y}^{(2)} = f(t, \boldsymbol{y}, \boldsymbol{y}^{(1)}) \tag{5.28}$$

$$t = t_0, \boldsymbol{y}_0 = \boldsymbol{y}(t_0), \boldsymbol{y}_0^{(1)} = \boldsymbol{y}^{(1)}(t_0) \tag{5.29}$$

求解该问题是指对式(5.28)从 t_0、$\boldsymbol{y}(t_0)$、$\boldsymbol{y}^{(1)}(t_0)$出发，求出任一点 t 所对应的 $\boldsymbol{y}(t)$、$\boldsymbol{y}^{(1)}(t)$。

3. 动力学模型策略

影响轨道确定精度的一个关键因素为观测量理论计算值的精度，而观测量理论计算值的精度取决于力学模型精度。精密定轨所使用的力学模型为 70 × 70 阶地球引力场模型、三维大气模型、太阳光压力模型（锥形地影模型）、日/月等第三体引力模型、海潮固体潮、广义相对论效应等动力学模型。表 5.1 列出低轨航天器各主要摄动力的量级。

表 5.1　各主要摄动力的量级对比

摄动力	量级	备注
地球引力场 J_2 项	10^{-3}	—
地球引力场 J_3、J_4 项	10^{-6}	—
大气阻力	10^{-6} 10^{-4}	面质比 0.002m²/kg 面质比 0.2m²/kg （对于高度约 200km）
太阳引力	0.6×10^{-7}	—
月球引力	1.2×10^{-7}	—
太阳光压力	0.6×10^{-8}	等效面质比 0.05 太阳光压反射系数 0.5
固体潮、海洋潮摄动	10^{-8}	—
地球自转形变摄动	$10^{-11} \sim 10^{-10}$	—
广义相对论效应	$10^{-11} \sim 10^{-9}$	—

5.2 编目轨道计算方法

5.2.1 简易数值计算方法（简化动力学模型）

简易数值法定轨采用的轨道参数最优估计方法与精密定轨一样，两者区别主要体现在所使用的动力学模型方面。在目前的研究和工程水平上，一般数值积分方法可非常容易地将轨道摄动模型计算考虑到 10^{-9} 量级,而解析法很难计算考虑到 10^{-6} 的摄动量级。为了提高计算效率,简易数值法以牺牲轨道精度为代价,对动力学模型进行简化。对于低轨航天器所使用的力学模型为 16×16 阶地球引力场模型、二维大气模型(如 Harris - Priester)、日/月引力(对于高轨目标还要太阳光压力),它和精密轨道计算方法使用的模型对比见表 5.2。在简易数值法下的参数估计和轨道外推方法与精密轨道计算方法基本一致。

表 5.2 简易数值法和精密轨道计算方法使用摄动力模型对比

摄动力	简易数值法	精密轨道计算方法
地球引力场	16×16 阶	70×70 阶
大气阻力	二维大气模型 (Harris - Priester;指数模型)	三维大气模型 (MSISE - 90 等)
太阳引力	考虑	考虑
月球引力	考虑	考虑
太阳光压力	考虑	考虑
固体潮、海洋潮摄动	不考虑	考虑
地球自转形变摄动	不考虑	考虑
广义相对论效应	不考虑	考虑

5.2.2 两行根数编目轨道计算方法

1. 美国编目体系

美国北美防空联合司令部(NORAD)自 1957 年起开发了一种解析的轨道预报模型,即 SGP4/SDP4 模型[3],结合美国全球观测网(SSN)的观测资料生成了全球最大的空间目标编目数据库,并以两行根数(TLE)形式发布出来。自 1980 年美国国防部(DoD)公布了 SGP4/SDP4 模型的数学模型和相应的 FORTRAN 程序代码以来,该程序代码在实际使用中不断地被修正,出现了很多版本。2006 年 Vallado 等人对所有版本(包括 SGP、SGP4、SDP4、SGP8、SDP8)进行了总结,并提供了与美国国防部完全兼容的最新程序代码。

SGP 模型由 Hilton 和 Kuhlman 于 1966 年建立,主要用于近地目标,这一模型中的引力场模型主要采用了日本古在由秀(1959)的研究工作,把大气对平轨道的作用考虑为相对时间线性变化的作用。

SGP4 于 1970 年开发,主要用于近地目标,是莱恩和克兰福德 1969 年解析理论的简化,它采用布劳威尔于 1959 年提出的引力场模型;大气模型则采用密度幂函数。SGP 与 SGP4 的区别在于平均角速度和阻力的表述形式不同。

SDP4 是 SGP4 的扩展,用于深空轨道计算。由于对轨道周期为 0.5 天或 1 天的轨道,日月引力影响很大,因此该模型考虑了日月引力及地球扁率扇谐和田谐项的影响,主要包含重力势 $J_2 \sim J_4$ 项,并恢复了一阶 J_2 项的短周期部分,加上数值积分 0.5 天及 1 天谐振项,并近似表示日、月质点影响(P_2 项)。

SGP8 用于近地目标计算,由 HOOTS 的解析理论简化得到,引力场模型和大气模型同莱恩和克兰福德解析理论,只是对微分方程求积采用了不同的方法。

SDP8 是 SGP8 的扩展,用于深空目标轨道计算,深空影响模型方程与 SDP4 中的相同。

2. 美国两行根数

美国空间目标监视网基于 SGP4/SDP4 模型生成两行根数并向外发布,表 5.3 列出了美国两行根数的定义。

表 5.3　美国两行根数的定义

序号	栏	含义	说明和备注
0.1	01	目标名称	包含最多 24 个字符的字符串
1.1	01	行号	取值 1
1.2	03 ~ 07	卫星编目号	5 位十进制数表示,最多可编目 99999 个目标
1.3	08	卫星密级分类标识	U 表示非秘,S 表示秘密(秘密目标根数不公开)
1.4	10 ~ 11	卫星国际编号	发射年份,2 位十进制数表示,如 03 代表 2003 年
1.5	12 ~ 14		年中序号,3 位十进制数表示,如 111 表示当年的第 111 次发射
1.6	15 ~ 17		本次发射中产生的目标序列,字符表示,如 C 表示本次发射中形成的第三个目标
1.7	19 ~ 20	根数历元时刻	年份,2 位十进制数表示,如 03 代表 2003 年
1.8	21 ~ 32		天数,年中的天数(年积日),小数点后保留 8 位有效数字(精确到 1ms)
1.9	34 ~ 43	平运动一阶变率(1/2)	单位为圈数/天(1/2)
1.10	45 ~ 52	平运动二阶变率(1/6)	单位为圈数/天^3,前 6 位为小数部分,后 2 位为指数部分,如 −12345 −6 表示 -0.12345×10^{-6}
1.11	54 ~ 61	大气阻力的弹道系数:$B^*(=0.5C_d S/M\rho_0)$	单位为地球赤道半径的倒数,表示方法同 1.10
1.12	63	定轨模型类型	内部使用,现在设为 0,用 SGP4 和 SDP4

（续）

序号	栏	含义	说明和备注
1.13	65~68	根数组数	
1.14	69	检验位	
2.1	01	行号	取值2
2.2	03~07	卫星编目号	同1.2
2.3	09~16	轨道倾角	单位为(°),小数点后4位
2.4	18~25	轨道升交点赤经	单位为(°),小数点后4位
2.5	27~33	轨道偏心率	小数表示(1234567表示0.1234567),7位有效数字
2.6	35~42	近地点辐角	单位为(°),小数点后4位
2.7	44~51	平近点角	单位为(°),小数点后4位
2.8	53~63	平运动速度	单位为圈/天
2.9	64~68	相对于历元的圈数	单位为圈,发射后首次过升交点为第一圈
2.10	69	校验位	

以下以“东方红”一号为例,列出其一组两行根数:

0 DFH-1

1 04382U 70034A 15330.85908916 -.00000006 00000-0 12806-4 0 9997

2 04382 68.4228 300.9240 1055939 185.4409 173.4391 13.06972537141074

从上面两行根数可看出,两行根数一般为三行:第一行标志序号为0,表明该目标为“东方红”一号,在美国编目库里的名称为DFH-1;第二行序号为1,由第二行可知此两行根数对应的历元为2015年第330天,.85908916的单位为天,为当前历元据2015年第330天0点的时间;第三行序号为2,列出了轨道倾角、升交点赤径、偏心率、近地点幅角和平近点角。但须注意直接读出的轨道根数值为在TEME坐标系下的平根数,需要使用SGP4/SDP4模型将其转换为TEME坐标系下的瞬时位置速度。美国也通过互联网发布了SGP4/SDP4模型各种版本的算法。如需进一步获取其他坐标系(如2000.0惯性坐标系)下的位置速度,可参考第2章的相关内容。

3. SGP4模型轨道原理

SGP4输入的轨道量为TLE,TLE中给出的轨道偏心率、轨道倾角、升交点赤经、近地点幅角和平近点角均为初始平均根数,但是没有直接给出轨道半长轴的初始平均根数。在利用SGP4模型进行轨道预报之前,首先需要将TLE中给出的表征平均运动角速率的量经过一系列运算得到轨道半长轴的初始平均根数[94]：

$$a_1 = n_0^{-\frac{2}{3}} \tag{5.30}$$

$$\delta_1 = \frac{3}{4}\frac{J_2}{a_1^2}\frac{(3\theta^2-1)}{\beta^3} \tag{5.31}$$

$$a_0 = a_1\left(1-\frac{1}{3}\delta_1-\delta_1^2-\frac{134}{81}\delta_1^3\right) \tag{5.32}$$

$$\delta_0 = \frac{3}{4}\frac{J_2}{a_0^2}\frac{(3\theta^2-1)}{\beta^3} \tag{5.33}$$

$$n''_0 = \frac{n_0}{1+\delta_0} \tag{5.34}$$

$$a''_0 = \frac{a_0}{1-\delta_0} \tag{5.35}$$

式中：$\theta = \cos i''_0$，$\beta = (1-e''^2_0)^{\frac{1}{2}}$。

以上各式中的量都已经归一化，即长度单位取地球参考椭球体的赤道平均半径 a_E，质量单位取地球质量 M_{E}，时间单位为 $(a_{\mathrm{E}}^3/GM_{\mathrm{E}})^{1/2}$，$G$ 为牛顿引力常数。

在计算得到 a''_0 的值以后，下一步需要进行的是对大气摄动解中所涉及的参数计算。首先需要根据轨道近地点高度确定大气密度模型表达式中的 s 值。当轨道近地点高度 $h_{\mathrm{p}} > 156\mathrm{km}$ 时，取 $s = 1.01222928$；当 $98\mathrm{km} < h_{\mathrm{p}} < 156\mathrm{km}$ 时，取 $s^* = a''_0(1-e''_0) - s + 1$ 代替 s；当 $h_{\mathrm{p}} \leqslant 98\mathrm{km}$ 时，取 $s^* = 20/6378.135 + 1$ 代替 s。在得到 s 值以后，进一步计算大气摄动解中其他系数，如 C_1、C_3、C_4、C_5、D_2、D_3、D_4、ξ、η。

下面进行由 t_0 时刻的初始平根数预报得到 t 时刻卫星的位置和速度矢量的计算：

（1）由初始平根数计算主要带谐项摄动长期项，从而得到 t 时刻角变量的平均根数 l''_{DF}、g''_{DF}、h''_{DF}（不考虑大气阻尼影响）。角变量的定义如下：

$$\begin{cases} l = M \\ g = \omega \\ h = \Omega \end{cases} \tag{5.36}$$

$$l'' = l''_0 + \left[1 + \frac{3J_2(-1+3\cos i'')}{4L''G''^3} + \frac{3J_2^2(13-78\cos^2 i''+137\cos^4 i'')}{64L''G''^7}\right] \times n''_0(t-t_0) \tag{5.37}$$

$$g'' = g''_0 + \left[-\frac{3J_2(1-5\cos^2 i'')}{4G''^4} + \frac{3J_2^2(7-114\cos^2 i''+395\cos^4 i'')}{64G''^8} - \frac{15J_4(3-36\cos^2 i''+49\cos^4 i'')}{32G''^8} \right] \times n''_0(t-t_0) \tag{5.38}$$

$$h'' = h''_0 + \left[-\frac{3J_2\cos i''}{2G''^4} + \frac{3J_2^2(4-19\cos^2 i'')}{8G''^8} - \frac{15J_4\cos i''(3-7\cos^2 i'')}{16G''^8} \right] \times n''_0(t-t_0) \tag{5.39}$$

(2) 计算大气阻力摄动分析解，进而得到考虑了大气阻力摄动的 t 时刻轨道变量的平均根数：

$$a'' = a''_0[1 - C_1(t-t_0) - D_2(t-t_0)^2 - D_3(t-t_0)^3 - D_4(t-t_0)^4]^2 \tag{5.40}$$

$$\begin{cases} l'' = l''_{\mathrm{DF}} + n''_0\left[\frac{3}{2}C_1(t-t_0)^2 + (D_2+2C_1^2)(t-t_0)^3 \right. \\ \quad + \frac{1}{4}(3D_3+12C_1D_2+10C_1^3)(t-t_0)^4 \\ \quad \left. + \frac{1}{5}(3D_4+12C_1D_3+6D_2^2+30C_1^2D_2+15C_1^4)(t-t_0)^5\right] \\ \quad + \delta l_{\mathrm{D}} \\ \delta l_{\mathrm{D}} = -\frac{2}{3}(q_0-s)^{\tau}B^*\xi^4\frac{a}{e''_0\eta}[(1+\eta\cos l''_{\mathrm{DF}})^3 - (1-\eta\cos l''_0)^3] \\ \quad + B^*C_3\cos g''_0(t-t_0) \end{cases} \tag{5.41}$$

$$g'' = g''_{\mathrm{DF}} - \delta l_{\mathrm{D}} \tag{5.42}$$

$$h'' = h''_{\mathrm{DF}} - \frac{21}{4}\frac{n''_0J_2\cos i''}{a''^2_0\beta_0^2}C_1(t-t_0)^2 \tag{5.43}$$

$$e'' = e''_0 - B^*C_4(t-t_0) - B^*C_5[\sin(l''_{\mathrm{DF}}+\delta l_{\mathrm{D}}) - \sin l''_0] \tag{5.44}$$

$$i'' = i''_0 \tag{5.45}$$

其中

$$\theta = \cos i''_0$$

$$\xi = \frac{1}{a''_0 - s}$$

$$\eta = a''_0 e''_0 \xi$$

$$\beta = (1 - e''^2_0)^{\frac{1}{2}}$$

$$C_2 = (q_0-s)'\xi^4 n''_0(1-\eta^2)^{\frac{7}{2}}\left[a''_0\left(1+\frac{3}{2}\eta^2+4e_0\eta+e_0\eta^3\right)\right.$$

$$+\frac{3}{4}\frac{J_2\xi}{(1-\eta^2)}\left(-\frac{1}{2}+\frac{3}{2}\theta^2\right)(8+24\eta^2+3\eta^4)$$

$$C_1=B^*C_2$$

$$C_3=-\frac{2\ (q_0-s)^{\tau}J_3n''_0\sin i''_0}{J_2e''_0}$$

$$C_4=2n''_0\ (q_0-s)^{\tau}\xi^5a''_0\beta^2\ (1-\eta^2)^{\frac{7}{2}}\left\{\left[2\eta(1+e''_0\eta)+\frac{1}{2}e''_0+\frac{1}{2}\eta^3\right]\right.$$

$$-\frac{J_2\xi}{a''_0(1-\eta^2)}\left[3(1-3\theta^2)\left(1+\frac{3}{2}\eta^2-2e''_0\eta-\frac{1}{2}e''_0\eta^3\right)\right.$$

$$\left.\left.+\frac{3}{4}(1-\theta^2)(2\eta^2-e_0''\eta-e''_0\eta^3)\cos 2g''_0\right]\right\}$$

$$C_5=2\ (q_0-s)^{\tau}\xi^4a''_0\beta^2\ (1-\eta^2)^{-\frac{7}{2}}\left[1+\frac{11}{4}\eta(\eta+e''_0)+e''_0\eta^3\right]$$

$$D_2=4a''_0\xi C_1{}^2$$

$$D_3=\frac{4}{3}a''_0\xi^2(17a''_0+s)C_1^3$$

$$D_4=\frac{2}{3}a''_0\xi^3(221a''_0+31s)C_1^4$$

当近地点高度小于 220km 时，上式简化为

$$a''=a''_0\ [1-C_1(t-t_0)]^2 \tag{5.46}$$

$$l''=l''_{\mathrm{DF}}+\frac{3}{2}n''_0C_1\ (t-t_0)^2 \tag{5.47}$$

$$g''=g''_{\mathrm{DF}} \tag{5.48}$$

$$h''=h''_{\mathrm{DF}}-\frac{21}{4}\frac{n''_0J_2\cos i''}{a''_0{}^2\beta_0^2}C_1\ (t-t_0)^2 \tag{5.49}$$

$$e''=e''_0-B^*C_4(t-t_0) \tag{5.50}$$

$$i''=i''_0 \tag{5.51}$$

（3）计算考虑长周期项的轨道变量 σ'：

$$e_l=-\frac{G*G_l}{L''^2e''}$$

$$a'=a''$$

$$i'=i''$$

$$l'+g'+h'=l''+g''+h''+(l_l+g_l+h_l)$$

$$=-\frac{J_3\sin i''}{4J_2a''(1-e''^2)}(e''\cos g'')\left(\frac{3+5\theta}{1+\theta}\right)$$

$$h' = h'' \tag{5.52}$$

$$e'\cos g' = (e'' + e_l)\cos g'' - e'' g_l \sin g'' = e''\cos g''$$

$$e'\sin g' = (e'' + e_l)\sin g'' + e'' g_l \cos g'' = e''\sin g'' - \frac{J_3 \sin i''}{2J_2 a''(1 - e''^2)} \tag{5.53}$$

求解广义开普勒方程：

$$(E' + g') - [(l' + g' + h') - h''] = e'\cos g' \sin(E' + g') - e'\sin g' \cos(E' + g') \tag{5.54}$$

可通过牛顿迭代法求解$(E' + g')$。

(4) 计算考虑短周期项的瞬时轨道参数。得到轨道量的瞬时值，然后通过这些轨道量的瞬时值得到 t 时刻卫星的位置和速度。在这个过程中需要求解开普勒方程得到真近点角，为了减少运算量，SGP4 方法通过变量变换，省略了求解开普勒方程的过程（Hoots，1981）。下面给出旧变量到新变量的变换过程。

旧变量：a'、i'、$e'\cos g'$、$e'\sin g'$、$l' + g' + h'$、h'

新变量：r'、$\dot{r}'$、$r'\dot{f}'$、i'、h'、u'

$$\begin{cases} r' = a'(1 - e'\cos E') \\ \dot{r}' = \dfrac{L'}{r'} e'\sin E' \\ r'\dot{f}' = \dfrac{L'\sqrt{1 - e^2}}{r'} \end{cases} \tag{5.55}$$

$$\begin{cases} i' = i' \\ h' = h' \\ u' = \arctan\left(\dfrac{\sin u'}{\cos u'}\right), u' = f' + g \end{cases} \tag{5.56}$$

上述变换中使用的变量计算如下：

$$\begin{cases} e'\cos E' = (e'\cos g')\cos(E' + g') + (e'\sin g')\sin(E' + g') \\ e'\sin E' = (e'\cos g')\sin(E' + g') - (e'\sin g')\cos(E' + g') \end{cases} \tag{5.57}$$

$$e' = \sqrt{(e'\cos E')^2 + (e'\sin E')^2} \tag{5.58}$$

$$\begin{cases} \cos u' = \dfrac{a'}{r'}\left[\cos(E' + g') - e'\cos g' + \dfrac{(e'\sin g')(e'\sin E')}{1 + \sqrt{1 - e'^2}}\right] \\ \sin u' = \dfrac{a'}{r'}\left[\sin(E' + g') - e'\sin g' + \dfrac{(e'\cos g')(e'\sin E')}{1 + \sqrt{1 - e'^2}}\right] \end{cases} \tag{5.59}$$

下面计算主要带谐项的短周期项：

$$\begin{aligned}\delta r &= \frac{a'e'}{\sqrt{1-e'^2}}\sin f' l_s + \frac{r'}{a'}a_s - a'\cos f' e_s \\ &= \frac{J_2}{4p'}(1-\cos^2 i')\cos 2u - \frac{3}{4}\frac{J_2}{p'^2}(3\cos^2 i' - 1)r\end{aligned} \tag{5.60}$$

$$\begin{cases}\delta \dot{r}' = -\dfrac{1}{2}\dfrac{n'e'}{\sqrt{1-e'^2}}\sin f' a_s + n'a'e'\cos f'\left(\dfrac{a'}{r'}\right)^2 l_s = 0 \\ \delta r\dot{f} = -\dfrac{1}{2}n'\sqrt{1-e'^2}\left(\dfrac{a'}{r'}\right)a_s + \dfrac{n'a'}{\sqrt{1-e'^2}}\left(\dfrac{a'}{r'}\right)(\cos f' - e' + e'\cos^2 f')e_s \\ \qquad -n'a'e'\sin f'\left(\dfrac{a'}{r'}\right)^2 l_s \\ \qquad = \dfrac{J_2 n'}{2p'}\left[(1-\cos^2 i)\cos 2u - \dfrac{3}{2}(1-3\cos^2 i)\right] \\ \delta i = i_s = \dfrac{3}{4}\dfrac{J_2}{p'^2}\cos i'\sin 2u' \\ \delta h = h_s = \dfrac{3}{4}\dfrac{J_2}{G'^4}\cos i'\sin 2(f'+g') \\ \delta u = \dfrac{1}{1-e'^2}(2+e'\cos f')\sin f' e_s + \dfrac{1}{(1-e'^2)^{3/2}}(1+e'\cos f')^2 l_s + g_s \\ \quad = -\dfrac{1}{8}\dfrac{J_2}{p'^2}(7\cos^2 i' - 1)\sin 2u'\end{cases} \tag{5.61}$$

至此,可以得到以下 6 个量在 t 时刻的瞬时值:

$$\begin{cases}r = r' + \delta r \\ \dot{r} = \dot{r}' \\ r\dot{f} = r'\dot{f}' + \delta(r\dot{f}) \\ i = i' + \delta i \\ h = h' + \delta h \\ u = u' + \delta u\end{cases} \tag{5.62}$$

进而可以计算 t 时刻空间目标的位置和速度矢量:

$$\begin{aligned}\boldsymbol{r} &= r\boldsymbol{U} \\ \dot{\boldsymbol{r}} &= \dot{r}\boldsymbol{U} + (r\dot{f})\boldsymbol{V}\end{aligned} \tag{5.63}$$

其中

$$\begin{aligned}\boldsymbol{U} &= \boldsymbol{M}\sin u + \boldsymbol{N}\cos u \\ \boldsymbol{V} &= \boldsymbol{M}\cos u - \boldsymbol{N}\sin u\end{aligned} \tag{5.64}$$

$$\boldsymbol{M}=\begin{pmatrix}-\sin h\cos i\\ \sin h\cos i\\ \sin i\end{pmatrix}\quad \boldsymbol{N}=\begin{pmatrix}\cos h\\ \sin h\\ 0\end{pmatrix} \tag{5.65}$$

4. 基于 SGP4 模型的定轨方法

两行根数是北美防空司令部基于一般摄动理论生成的预报空间目标位置速度的一组根数体系。现在公布的两行根数是用 SGP4 或 SDP4 生成的。美国空间监视网定期更新空间目标的两行轨道根数,但未公布轨道根数的确定算法,这里提供了一套基于 SGP4 模型的定轨方法。本节分析了两行根数 SDP4/SGP4 模型,结合最小二乘轨道确定方法,提出了基于 SDP4/SGP4 模型的轨道确定方法。

SGP4 模型下的定轨方法包括下一节将要介绍的平均根数编目方法,使用的参数估计方法和精密轨道计算方法相似,模型之间的主要区别除了外推模型不同,偏导数矩阵的计算也不相同。在 SGP4 模型下选用的状态量 $\boldsymbol{X}$ 为轨道六根数 $\boldsymbol{\sigma}$ 和弹道系数 $\boldsymbol{B}^*$,有

$$\boldsymbol{B}=\frac{\partial Y}{\partial(\boldsymbol{r},\dot{\boldsymbol{r}})}\frac{\partial(\boldsymbol{r},\dot{\boldsymbol{r}})}{\partial\boldsymbol{\sigma}}\frac{\partial\boldsymbol{\sigma}}{\partial\boldsymbol{X}}$$

这里主要就如何计算$\frac{\partial(\boldsymbol{r},\dot{\boldsymbol{r}})}{\partial\boldsymbol{\sigma}}$和$\frac{\partial\boldsymbol{\sigma}}{\partial\boldsymbol{X}}=\frac{\partial\boldsymbol{\sigma}}{\partial(\boldsymbol{\sigma}_0,\boldsymbol{B}^*)}$进行阐述。

(1) 计算位置速度相对 6 个开普勒根数的偏导数$\frac{\partial(\boldsymbol{r},\dot{\boldsymbol{r}})}{\partial\sigma_j}$。

$$\frac{\partial\boldsymbol{r}}{\partial a}=\frac{1}{a}\boldsymbol{r},\frac{\partial\boldsymbol{r}}{\partial e}=H\boldsymbol{r}+K\dot{\boldsymbol{r}},\frac{\partial\boldsymbol{r}}{\partial i}=\frac{z}{\sin i}\hat{\boldsymbol{R}}$$

$$\frac{\partial\boldsymbol{r}}{\partial\Omega}=\begin{pmatrix}-y\\ x\\ 0\end{pmatrix},\frac{\partial\boldsymbol{r}}{\partial\omega}=\hat{\boldsymbol{R}}\times\boldsymbol{r},\frac{\partial\boldsymbol{r}}{\partial M}=\frac{1}{n}\dot{\boldsymbol{r}} \tag{5.66}$$

$$\frac{\partial\dot{\boldsymbol{r}}}{\partial a}=-\frac{1}{2a}\dot{\boldsymbol{r}},\frac{\partial\dot{\boldsymbol{r}}}{\partial e}=H'\boldsymbol{r}+K'\dot{\boldsymbol{r}},\frac{\partial\dot{\boldsymbol{r}}}{\partial i}=\frac{\dot{z}}{\sin i}\hat{\boldsymbol{R}}$$

$$\frac{\partial\dot{\boldsymbol{r}}}{\partial\Omega}=\begin{pmatrix}-\dot{y}\\ \dot{x}\\ 0\end{pmatrix},\frac{\partial\dot{\boldsymbol{r}}}{\partial\omega}=\hat{\boldsymbol{R}}\times\dot{\boldsymbol{r}},\frac{\partial\dot{\boldsymbol{r}}}{\partial M}=-n\left(\frac{a}{r}\right)^3\boldsymbol{r} \tag{5.67}$$

其中

$$H=-\frac{a}{p}(\cos E+e),K=\frac{\sin E}{n}\left(1+\frac{r}{p}\right) \tag{5.68}$$

$$H'=\frac{\sqrt{a}}{p}\frac{\sin E}{r}\left[1-\frac{a}{r}\left(1+\frac{p}{r}\right)\right],K'=\frac{a}{p}\cos E \tag{5.69}$$

$$\hat{\boldsymbol{R}} = \frac{1}{\sqrt{p}}(\boldsymbol{r} \times \dot{\boldsymbol{r}}) \tag{5.70}$$

式中：$p = a(1 - e^2)$。

（2）计算状态转移矩阵$\dfrac{\partial \boldsymbol{\sigma}}{\partial \boldsymbol{\sigma}_0}$。

以 SGP4 模型为例，轨道根数的长期或长周期变化为（公式中相关参数见相关文档）

$$M_{DF} = M_0 + \left[1 + \frac{3k_2(-1 + 3\theta^2)}{2a''^2_0\beta_0^3} + \frac{3k_2^2(13 - 78\theta^2 + 137\theta^4)}{16a''^4_0\beta_0^7}\right] n''_0(t - t_0) \tag{5.71}$$

$$\begin{aligned}\omega_{DF} = \omega_0 + \Bigg[& -\frac{3k_2(1 - 5\theta^2)}{2a''^2_0\beta_0^4} + \frac{3k_2^2(7 - 114\theta^2 + 395\theta^4)}{16a''^4_0\beta_0^8} \\ & + \frac{5k_4(3 - 36\theta^2 + 49\theta^4)}{4a''^4_0\beta_0^8}\Bigg] n''_0(t - t_0)\end{aligned} \tag{5.72}$$

$$\Omega_{DF} = \Omega_0 + \left[-\frac{3k_2\theta}{a''^2_0\beta_0^4} + \frac{3k_2^2(4\theta - 19\theta^3)}{2a''^4_0\beta_0^8} + \frac{5k_4\theta(3 - 7\theta^2)}{2a''^4_0\beta_0^8}\right] n''_0(t - t_0) \tag{5.73}$$

$$e = e_0 - B^* C_4(t - t_0) - B^* C_5(\sin M_p - \sin M_0) \tag{5.74}$$

$$a = a''_0 [1 - C_1(t - t_0) - D_2(t - t_0)^2 - D_3(t - t_0)^3 - D_4(t - t_0)^4]^2 \tag{5.75}$$

对于 SDP4，式(5.74)和式(5.75)分别简化为

$$e = e_0 - B^* C_4(t - t_0) \tag{5.76}$$

$$a = a''_0 [1 - C_1(t - t_0)]^2 \tag{5.77}$$

因此，可得

$$\frac{\partial \boldsymbol{\sigma}}{\partial \boldsymbol{\sigma}_0} = \begin{pmatrix} \frac{\partial a}{\partial a} & \frac{\partial a}{\partial e} & \frac{\partial a}{\partial i} & \frac{\partial a}{\partial \Omega} & \frac{\partial a}{\partial \omega} & \frac{\partial a}{\partial M} & \frac{\partial a}{\partial B^*} \\ \frac{\partial e}{\partial a} & \frac{\partial e}{\partial e} & \frac{\partial e}{\partial i} & \frac{\partial e}{\partial \Omega} & \frac{\partial e}{\partial \omega} & \frac{\partial e}{\partial M} & \frac{\partial e}{\partial B^*} \\ \frac{\partial i}{\partial a} & \frac{\partial i}{\partial e} & \frac{\partial i}{\partial i} & \frac{\partial i}{\partial \Omega} & \frac{\partial i}{\partial \omega} & \frac{\partial i}{\partial M} & \frac{\partial i}{\partial B^*} \\ \frac{\partial \Omega}{\partial a} & \frac{\partial \Omega}{\partial e} & \frac{\partial \Omega}{\partial i} & \frac{\partial \Omega}{\partial \Omega} & \frac{\partial \Omega}{\partial \omega} & \frac{\partial \Omega}{\partial M} & \frac{\partial \Omega}{\partial B^*} \\ \frac{\partial \omega}{\partial a} & \frac{\partial \omega}{\partial e} & \frac{\partial \omega}{\partial i} & \frac{\partial \omega}{\partial \Omega} & \frac{\partial \omega}{\partial \omega} & \frac{\partial \omega}{\partial M} & \frac{\partial \omega}{\partial B^*} \\ \frac{\partial M}{\partial a} & \frac{\partial M}{\partial e} & \frac{\partial M}{\partial i} & \frac{\partial M}{\partial \Omega} & \frac{\partial M}{\partial \omega} & \frac{\partial M}{\partial M} & \frac{\partial M}{\partial B^*} \\ \frac{\partial B^*}{\partial a} & \frac{\partial B^*}{\partial e} & \frac{\partial B^*}{\partial i} & \frac{\partial B^*}{\partial \Omega} & \frac{\partial B^*}{\partial \omega} & \frac{\partial B^*}{\partial M} & \frac{\partial B^*}{\partial B^*} \end{pmatrix}$$

$$
= \begin{pmatrix} 1 & 0 & 0 & 0 & 0 & 0 & \frac{\partial a}{\partial B^*} \\ 0 & 1 & 0 & 0 & 0 & 0 & \frac{\partial e}{\partial B^*} \\ 0 & 0 & 1 & 0 & 0 & 0 & 0 \\ \frac{\partial \Omega}{\partial a} & 0 & 0 & 1 & 0 & 0 & 0 \\ \frac{\partial \omega}{\partial a} & 0 & 0 & 0 & 1 & 0 & 0 \\ \frac{\partial M}{\partial a} & 0 & 0 & 0 & 0 & 1 & 0 \\ 0 & 0 & 0 & 0 & 0 & 0 & 1 \end{pmatrix} \tag{5.78}
$$

其中

$$
\frac{\partial a}{\partial B^*} = 2a''_0[1 - C_1(t-t_0) - D_2(t-t_0)^2 - D_3(t-t_0)^3 - D_4(t-t_0)^4][-C_2(t-t_0) - 2D_2C_2/C_1(t-t_0)^2 - 3D_3C_2/C_1(t-t_0)^3 - 4D_4C_2/C_1(t-t_0)^4]
$$

$$
\frac{\partial e}{\partial B^*} = -C_4(t-t_0) - C_5(\sin M_p - \sin M_0)
$$

$$
\frac{\partial \Omega}{\partial a} = -\frac{3n_0}{2a_1}(t-t_0)\Omega_1
$$

$$
\frac{\partial \omega}{\partial a} = -\frac{3n_0}{2a_1}(t-t_0)\omega_1
$$

$$
\frac{\partial M}{\partial a} = -\frac{3n_0}{2a_1}(t-t_0)M_1
$$

5.2.3 平均根数法编目轨道计算方法

根据第 2 章介绍,如果轨道运动方程仅考虑二体问题,则可以直接求解并获取 6 个轨道根数。但如第 4 章所述,真实情况下空间目标受到各种摄动力的影响,运动方程表现为受摄二体问题。受摄二体问题的求解历史上有用经典摄动法来求小参数幂级数解,由于绕地轨道周期较短,这种解法的幂级数收敛区间较大。对于人造天体的摄动运动方程,古在由秀提出了一种改进的摄动法——平均根数法,即一种在平根数 $\boldsymbol{\sigma}^*$(或平均根数 $\bar{\boldsymbol{\sigma}}$)附近展开的级数展开法。这种方法利用轨道根数作为基本变量,能够更清晰地反映轨道的几何状态。它与经典摄动法的区别在于将摄动项分为长期项、长周期项和短周期项,由于产生的小参数幂级数解是在考虑长期项的平均根数基础上进行的幂级数展开，相对经典摄动法而言长弧的预报精度和稳定性更高[4]。但平均根数法的摄动项中会出现小分母现象，针对小 e 或小 i 轨道将会产生奇点的问题，刘林提出了拟平均根数法，使慢变化的长周期变化项保留在平均根数中，避免了根数长周期项出现问题。经证明，拟平均根数法不会带来精度上的损失[94]。

1. 轨道外推

1）平均根数法

根数形式的摄动运动方程为

$$\frac{\mathrm{d}\boldsymbol{\sigma}}{\mathrm{d}t}=\boldsymbol{f}_0(a)+\sum_i \boldsymbol{f}_i(\sigma,t,\varepsilon^i) \tag{5.79}$$

$$\boldsymbol{\sigma}=(a\ e\ i\ \Omega\ \omega\ M)^{\mathrm{T}},\quad \boldsymbol{f}_0=\boldsymbol{\delta}n,\quad \boldsymbol{\delta}=(0\ 0\ 0\ 0\ 0\ 1)^{\mathrm{T}} \tag{5.80}$$

式中：$\boldsymbol{f}_0$ 为运动方程的无摄部分，且有 $\boldsymbol{f}_i$ 为运动方程的摄动部分，量级为 $O(\varepsilon^i)$，对于地球卫星 ε 和地球非球形二阶带谐项相同量级。

任意时刻的平均根数为

$$\bar{\boldsymbol{\sigma}}(t)=\bar{\boldsymbol{\sigma}}(t_0)+\boldsymbol{\delta}\bar{n}(t-t_0)+\sum_i \boldsymbol{\sigma}_i(t-t_0) \tag{5.81}$$

$$\bar{\boldsymbol{\sigma}}(t_0)=\boldsymbol{\sigma}(t_0)-[\boldsymbol{\sigma}_l^1(t_0)+\cdots+\boldsymbol{\sigma}_s^1(t_0)] \tag{5.82}$$

式中：$\bar{\boldsymbol{\sigma}}(t_0)$ 为初始平均根数。

在 t 时刻的平均根数处对摄动运动方程右函数进行泰勒展开：

$$\begin{aligned}&\frac{\mathrm{d}}{\mathrm{d}t}[\bar{\boldsymbol{\sigma}}(t)+\boldsymbol{\sigma}_{\mathrm{s}}^{(1)}+\boldsymbol{\sigma}_{\mathrm{s}}^{(2)}+\cdots+\boldsymbol{\sigma}_1^{(1)}+\boldsymbol{\sigma}_1^{(2)}+\cdots]\\&=\boldsymbol{f}_0(\bar{a})+\frac{\partial \boldsymbol{f}_0}{\partial a}[a_{\mathrm{s}}^{(1)}+a_{\mathrm{s}}^{(2)}+\cdots+a_l^{(1)}+a_l^{(2)}+\cdots]\\&\quad+\frac{1}{2}\frac{\partial^2 \boldsymbol{f}_0}{\partial a^2}[a_{\mathrm{s}}^{(1)}+\cdots+a_1^{(1)}+\cdots]^2\\&\quad+\cdots+\boldsymbol{f}_1(\bar{\boldsymbol{\sigma}},t,\varepsilon)+\sum_{j=1}^{6}\frac{\partial \boldsymbol{f}_1}{\partial \sigma_j}[\sigma_{\mathrm{s}}^{(1)}+\cdots+\sigma_1^{(1)}+\cdots]_j\\&\quad+\cdots+\boldsymbol{f}_2(\bar{\boldsymbol{\sigma}},t,\varepsilon^2)+\cdots\end{aligned} \tag{5.83}$$

摄动运动方程右函数也可以按照性质的不同分为长期项 $\boldsymbol{f}_{ic}(\boldsymbol{\sigma},t,\varepsilon^i)$、长周期项 $\boldsymbol{f}_{il}(\boldsymbol{\sigma},t,\varepsilon^i)$ 和短周期项 $\boldsymbol{f}_{is}(\boldsymbol{\sigma},t,\varepsilon^i)$ 三个部分，其中 c、l、s 分别表示长期项、长周期项和短周期项。

比较等式两边各项的性质和幂次可得

$$\bar{\boldsymbol{\sigma}}_0(t)=\bar{\boldsymbol{\sigma}}_0+\boldsymbol{\delta}\bar{n}(t-t_0) \tag{5.84}$$

$$\boldsymbol{\sigma}_1(t-t_0)=\int_{t_0}^{t}(\boldsymbol{f}_{1c})_{\bar{\boldsymbol{\sigma}}}\,\mathrm{d}t \tag{5.85}$$

$$\boldsymbol{\sigma}_{\mathrm{s}}^{(1)}(t) = \int_t \left[\boldsymbol{\delta} \frac{\partial n}{\partial a} a_{\mathrm{s}}^{(1)} + \boldsymbol{f}_{1\mathrm{s}} \right]_{\bar{\boldsymbol{\sigma}}} \mathrm{d}t \tag{5.86}$$

$$\boldsymbol{\sigma}_2(t - t_0) = \int_{t_0}^{t} \left[\frac{1}{2} \boldsymbol{\delta} \frac{\partial^2 n}{\partial a^2} (a_{\mathrm{s}}^{(1)})_{\mathrm{c}}^2 + \left(\sum_{j=1}^{6} \frac{\partial \boldsymbol{f}_1}{\partial \sigma_j} (\boldsymbol{\sigma}_{\mathrm{s}}^{(1)})_{\mathrm{j}} \right)_{\mathrm{c}} + \boldsymbol{f}_{2\mathrm{c}} \right]_{\bar{\boldsymbol{\sigma}}} \mathrm{d}t \tag{5.87}$$

$$\boldsymbol{\sigma}_1^{(1)}(t) = \int_t \left[\boldsymbol{\delta} \frac{\partial n}{\partial a} a_1^{(2)} + \boldsymbol{\delta} \frac{1}{2} \frac{\partial^2 n}{\partial a^2} (a_{\mathrm{s}}^1)_1^2 + \left(\sum_{j=1}^{6} \frac{\partial \boldsymbol{f}_1}{\partial \sigma_j} (\boldsymbol{\sigma}_{\mathrm{s}}^{(1)} + \boldsymbol{\sigma}_1^{(1)})_j \right)_1 + \boldsymbol{f}_{21} \right]_{\bar{\boldsymbol{\sigma}}} \mathrm{d}t \tag{5.88}$$

$$\boldsymbol{\sigma}_{\mathrm{s}}^{(2)}(t) = \int_t \left[\boldsymbol{\delta} \frac{\partial n}{\partial a} a_{\mathrm{s}}^{(2)} + \boldsymbol{\delta} \frac{1}{2} \frac{\partial^2 n}{\partial a^2} (a_{\mathrm{s}}^1)_{\mathrm{s}}^2 + \left(\sum_{j=1}^{6} \frac{\partial \boldsymbol{f}_1}{\partial \sigma_j} (\boldsymbol{\sigma}_{\mathrm{s}}^{(1)} + \boldsymbol{\sigma}_1^{(1)})_j \right)_{\mathrm{s}} + \boldsymbol{f}_{2\mathrm{s}} \right]_{\bar{\boldsymbol{\sigma}}} \mathrm{d}t \tag{5.89}$$

利用考虑了地球非球形引力摄动主要带谐项的平均根数法可得出升交点赤经 Ω 和近地点幅角 ω 的变化规律，它们的一阶长期项公式为

$$\Omega_1 = -\frac{A_2}{p^2} n\cos i \tag{5.90}$$

$$\omega_1 = \frac{A_2}{p^2} n\cos i\left(2 - \frac{5}{2}\sin^2 i\right) \tag{5.91}$$

式中：$A_2 = (3/2)J_2$，$J_2 = 1.082636 \times 10^{-3}$，公式中涉及的轨道根数均为平均根数。

2）拟平均根数法

由于平均根数法在积分得到长周期项的过程中，积分的函数含有因子 $\cos\omega$，因此积分结果中近地点幅角的长期变率会出现在分母上 $\sin\omega/\omega_1$。当 ω_1 趋近于0的时候会造成奇点问题（也称为通约奇点问题），此时 i 趋近于 $63°26'$ 或 i 趋近于 $116°34'$，也可以称为临界倾角。为了解决临界倾角问题，需要对平均根数法进行一定的调整，采用拟平均根数法来构造摄动分析解，消除因小分母而导致的通约奇点问题。拟平均根数法（也称为刘林法）和平均根数法最大的不同在于参考解的选取，具体而言平均根数法选取 t 时刻的平均根数作为参考解对摄动运动方程右函数进行泰勒展开，而拟平均根数法选取相应 t 时刻的拟平均根数作为参考解对摄动运动方程右函数进行泰勒展开。拟平均根数定义为

$$\bar{\boldsymbol{\sigma}}(t) = \bar{\boldsymbol{\sigma}}^{(0)}(t) + \boldsymbol{\sigma}_{\mathrm{c}}(t) + \Delta\boldsymbol{\sigma}_1^{(1)}(t) + \cdots \tag{5.92}$$

其中

$$\boldsymbol{\sigma}_{\mathrm{c}}(t) = \boldsymbol{\sigma}_1(t - t_0) + \boldsymbol{\sigma}_2(t - t_0) + \cdots \tag{5.93}$$

$$\Delta\boldsymbol{\sigma}_1^{(1)}(t) = \boldsymbol{\sigma}_1^{(1)}(t) - \boldsymbol{\sigma}_1^{(1)}(t_0) \tag{5.94}$$

$$\bar{\boldsymbol{\sigma}}^{(0)}(t)=\bar{\boldsymbol{\sigma}}_0+\boldsymbol{\delta}\bar{n}_0(t-t_0) \tag{5.95}$$

$$\bar{\boldsymbol{\sigma}}_0=\boldsymbol{\sigma}_0-[\boldsymbol{\sigma}_s^{(1)}(t_0)+\boldsymbol{\sigma}_s^{(2)}(t_0)+\cdots] \tag{5.96}$$

由拟平均根数的定义可以看出，原来平均根数法中的长周期项在这里将会以长周期变化项的形式出现，即 $\Delta\boldsymbol{\sigma}_l^{(1)}(t)=\boldsymbol{\sigma}_l^{(1)}(t)-\boldsymbol{\sigma}_l^{(1)}(t_0)$。当轨道运动出现通约奇点时，即使$\boldsymbol{\sigma}_l^{(1)}(t)$和$\boldsymbol{\sigma}_l^{(1)}(t_0)$同时出现问题，对长周期变化项的影响也仅为有限值。并且，由于在对摄动运动方程右函数进行展开时，仅涉及对短周期项的展开，因此通约奇点不会造成拟平均根数法的失效。

将式(5.79)两边在 t 时刻拟平均根数处进行展开，可得

$$\begin{aligned}&\frac{\mathrm{d}}{\mathrm{d}t}[\bar{\boldsymbol{\sigma}}(t)+\boldsymbol{\sigma}_s^{(1)}(t)+\boldsymbol{\sigma}_s^{(2)}(t)+\cdots]\\&=\boldsymbol{f}_0(\bar{a})+\frac{\partial \boldsymbol{f}_0}{\partial a}[a_s^{(1)}+a_s^{(2)}+\cdots]+\frac{1}{2}\frac{\partial^2 \boldsymbol{f}_0}{\partial a^2}[a_s^{(1)}+\cdots]^2+\cdots\\&\quad+\boldsymbol{f}_1(\bar{\boldsymbol{\sigma}},t,\varepsilon)+\sum_{j=1}^{6}\frac{\partial \boldsymbol{f}_1}{\partial \sigma_j}[\boldsymbol{\sigma}_s^{(1)}(t)+\cdots]_j+\cdots+f_2(\bar{\boldsymbol{\sigma}},t,\varepsilon^2)+\cdots\end{aligned} \tag{5.97}$$

比较等式两边同幂次同性质的项，可得

$$\bar{\boldsymbol{\sigma}}^{(0)}(t)=\bar{\boldsymbol{\sigma}}_0+\int_{t_0}^{t}\boldsymbol{\delta}\bar{n}\mathrm{d}t=\bar{\boldsymbol{\sigma}}_0+\boldsymbol{\delta}\bar{n}(t-t_0) \tag{5.98}$$

$$\boldsymbol{\sigma}_1(t-t_0)=\int_{t_0}^{t}(f_{1c})_{\bar{\sigma}}\mathrm{d}t \tag{5.99}$$

$$\boldsymbol{\sigma}_s^{(1)}(t)=\int_t\left[\boldsymbol{\delta}\frac{\partial n}{\partial a}a_s^{(1)}+\boldsymbol{f}_{1s}\right]_{\bar{\sigma}}\mathrm{d}t \tag{5.100}$$

$$\boldsymbol{\sigma}_2(t-t_0)=\int_{t_0}^{t}\left[\frac{1}{2}\boldsymbol{\delta}\frac{\partial^2 n}{\partial a^2}(a_s^{(1)})_c^2+\left(\sum_{j=1}^{6}\frac{\partial \boldsymbol{f}_1}{\partial \boldsymbol{\sigma}_j}(\boldsymbol{\sigma}_s^{(1)})_j\right)_c+\boldsymbol{f}_{2c}\right]_{\bar{\sigma}}\mathrm{d}t \tag{5.101}$$

$$\Delta\boldsymbol{\sigma}_l^{(1)}(t)=\int_{t_0}^{t}\left[\boldsymbol{\delta}\frac{1}{2}\frac{\partial^2 n}{\partial a^2}(a_s^{(1)})_l^2+\left(\sum_{j=1}^{6}\frac{\partial f_1}{\partial \boldsymbol{\sigma}_j}(\boldsymbol{\sigma}_s^{(1)})_j\right)_l+\boldsymbol{f}_{2l}\right]_{\bar{\sigma}}\mathrm{d}t \tag{5.102}$$

$$\boldsymbol{\sigma}_s^{(2)}(t)=\int_t\left[\boldsymbol{\delta}\frac{\partial n}{\partial a}a_s^{(2)}+\boldsymbol{\delta}\frac{1}{2}\frac{\partial^2 n}{\partial a^2}(a_s^{(1)})_s^2+\left(\sum_{j=1}^{6}\frac{\partial \boldsymbol{f}_1}{\partial \boldsymbol{\sigma}_j}(\boldsymbol{\sigma}_s^{(1)})_j\right)_s+f_{2s}\right]_{\bar{\sigma}}\mathrm{d}t \tag{5.103}$$

式中涉及的轨道根数均为拟平均根数。

与平均根数法给出的表达式相比，形式上只有长周期变化项的积分表达式和平均根数法不一致。事实上，虽然平均根数法的一阶长期项积分公

式和拟平均根数法在形式上相同,但是这两种方法所构造出的 1 阶和 0 阶长期项也存在差异。通过比较可见,两种方法之间在长周期项中的差别在长期项中得到了补偿,剩下的差别为 3 阶量,这在积分时间不长的情况下是可以接受的。

2. 状态转移矩阵

一般来说,状态转移矩阵的计算是通过对状态微分方程的直接求偏导数矩阵获得的,即 $\Phi(t_0,t)=\left(\dfrac{\partial X}{\partial X_0}\right)$,但由于其在轨道确定中的作用仅是提供迭代过程中获取改正量 x_0 的系数,此系数只会影响迭代收敛的快慢,而一般不会影响收敛结果的精度[95]。因此对于使用平均根数法定轨时一般采用二体问题下的状态转移矩阵,即

$$\frac{\partial\sigma}{\partial\sigma_0}=\begin{bmatrix} 1 & 0 & 0 & 0 & 0 & 0 \\ 0 & 1 & 0 & 0 & 0 & 0 \\ 0 & 0 & 1 & 0 & 0 & 0 \\ 0 & 0 & 0 & 1 & 0 & 0 \\ 0 & 0 & 0 & 0 & 1 & 0 \\ -\dfrac{3}{2}\sqrt{\dfrac{\mathrm{GM}}{a^5}} & 0 & 0 & 0 & 0 & 1 \end{bmatrix}$$

式中:σ 为平均根数或拟平均根数。

5.2.4 精度分析

空间目标轨道的精度直接影响目标监视的成功率和航天器碰撞预警风险分析结果的置信度。影响轨道精度因素主要有测轨数据质量、轨道计算方法等,测轨数据和轨道计算方法共同决定了初始轨道精度。本节主要讨论在测轨数据无误差的前提下,轨道计算方法对轨道精度的影响;其次对空间目标编目轨道误差特性进行了阐述,对轨道误差在不同形式下的关系及随时间的传播规律进行了详细介绍。

1. 简易数值计算方法精度分析

根据 5.2.1 节介绍,简易数值法和精密轨道计算方法主要在摄动力模型上有所不同,因此这里针对不同轨道高度的近圆轨道,在初始轨道相同的情况下,分别使用两种方法进行轨道预报,并进行了比较。表 5.4 列出两种定轨模型策略下精密定轨和简易数值法轨道预报精度统计值。

表5.4 简易数值法相对精密定轨预报精度

轨道高度	300km			500km			800km		
预报天数	精度互差/m	用时/s		精度互差/m	用时/s		精度互差/m	用时/s	
		简易数值法	精密定轨		简易数值法	精密定轨		简易数值法	精密定轨
1天	300	0.7	1.4	200	0.7	1.3	100	0.7	1.4
3天	800	2	4	500	2	4	300	2	4
7天	1700	4	8	1200	4	8	1000	4	8

由表5.4比较简易数值法和精密定轨，预报1天互差500m以内，预报3天1km以内，预报7天2km以内。根据分析可知，简易数值法的预报精度满足低轨目标后续一周的引导要求以及目标维持编目需求，且计算复杂程度和耗费机时大大缩短。但对于碰撞预警，需要使用精密定轨策略才能满足低虚警率的要求，这一点将在第6章介绍。

2. 美国编目方法精度分析

SGP4/SDP4模型适应于各种轨道类型的空间目标，按照轨道高度和偏心率可分为近地轨道（轨道高度小于5000km，$e<0.1$）、半同步轨道（20000km左右）、地球同步轨道（36000km左右）及椭圆轨道（$e>0.1$）四种类型[96]。精度分析办法：使用精密轨道预报模型进行轨道预报，将预报的位置和速度作为模拟观测资料，利用SGP4/SDP4模型进行轨道计算后用精密轨道标定精度。模拟资料取2min一个点，是全弧段观测资料，近地点高度小于1500km的目标，预报3+7天的轨道，其中前3天的资料用来定轨，后7天的资料与模型预报的轨道进行比较。近地点高度大于1500km的目标，预报10+30天轨道。

采用5.2.2节介绍的定轨方法进行轨道确定，并使用SGP4/SDP4模型进行预报，以精密轨道预报软件预报的轨道作为标准轨道，将预报轨道和标准轨道进行比较。假设观测数据数目为k，预报轨道与标准轨道的位置偏差为y_j，则

$$\sigma^* = \sqrt{U/k} \tag{5.104}$$

$$U = \sum_{j=1}^{k} (\boldsymbol{y}_j^{\mathrm{T}} \boldsymbol{W}_j \boldsymbol{y}_j) \tag{5.105}$$

预报精度为预报时段内标准轨道与预报轨道的位置偏差的最大值。按照轨道类型进行统计，给出不同类型空间目标的定轨精度范围的计算公式，以及不同类型空间目标预报n天误差。

1）近圆近地目标

轨道高度小于或等于1600km时，定轨精度为0.3～1km；轨道高度大于

1600km 时,定轨精度为 0.25 ~ 0.4km。

近地目标的预报精度与轨道高度有关,根据经验将近地目标分为四类,见表 5.5。表 5.6 列出了近地目标的预报精度。

表 5.5 近地目标分类

轨道类型	A	B	C	D
轨道高度/km	$h_p < 400$	$400 \leqslant h_p < 600$	$600 \leqslant h_p < 1200$	$1200 \leqslant h_p$

表 5.6 近地目标预报精度($F_{10.7} = 100$)

轨道类型	轨道误差/km		
	预报 1 天	预报 3 天	预报 7 天
A	10	40	300
B	7	30	200
C	6	15	70
D	2	10	10

由上可得:

(1) SGP4/SDP4 模型处理近地目标,定轨精度在百米量级。定轨精度与轨道高度有关,高度越低,定轨精度越差。

(2) 近地目标预报 3 天,位置误差小于 40km。

2) 近圆高轨目标

近圆高轨目标主要集中在地球同步和半同步轨道。将高度在 18500 ~ 21500km 的轨道归类为地球半同步轨道,高度在 33000 ~ 38000km 的轨道归类为地球同步轨道。

经统计,半同步轨道目标定轨精度为 0.4 ~ 1.5km,而同步轨道定轨精度为 1.5 ~ 3.2km。随轨道高度的增加,定轨误差呈增大的趋势。同步轨道目标定轨误差大于半同步轨道目标。同步轨道预报 15 天、半同步轨道预报 30 天误差不超过 40km。

3) 椭圆轨道目标

椭圆轨道目标的定轨精度与近地点高度没有相关性,与偏心率则存在明显的相关性,偏心率越大,定轨误差越大。设偏心率为 e,椭圆轨道目标定轨精度随偏心率增大而减小,具体为:当 $0.1 < e \leqslant 0.6$ 时,定轨误差小于 5km;当 $0.6 < e \leqslant 0.8$ 时,定轨误差小于 10km,当 $e > 0.8$ 时,定轨误差均大于 10km,定轨精度为 10km 量级。

椭圆轨道目标的预报精度与偏心率没有明显的相关性,主要与近地点高度有关。根据经验将椭圆轨道目标按照近地点高度分为 4 类,见表 5.7。表 5.8 列出了不同类型的轨道目标预报 n 天的最大位置误差。

表 5.7　椭圆轨道目标分类

轨道类型	A	B	C	D
近地点轨道高度/km	$h_p<400$	$400\leq h_p<600$	$600\leq h_p<1200$	$1200\leq h_p$

表 5.8　椭圆轨道目标预报精度

轨道类型	轨道误差/km		
	预报 1 天	预报 3 天	预报 7 天
A	20	100	500
B	20	100	200
C	20	100	150
D	20	40	50

总结得出:椭圆轨道目标预报 1 天位置误差在 20km 以内,预报 3 天误差在 100km 以内。轨道预报精度主要与其近地点高度有关,近地点高度越低,预报误差越大。

3. 平均根数法精度分析

本节主要介绍拟平均根数法的定轨及预报精度。同 5.2.2 节,为了剥离观测数据带来的误差,这里采用精密轨道作为观测资料,计算精密轨道所采用的力学模型和轨道高度分类也和 5.2.4 节相同。对于轨道高度小于 400km 的目标,由于高度较低,选择 1 天的精密轨道进行定轨;对于同步轨道选择 7 天的精密轨道进行定轨;对于其他类型轨道均选择 3 天的精密轨道进行定轨。

1) 近圆近地目标

近圆近地目标的定轨精度和轨道高度相关,当轨道高度小于 400km 时,定轨误差较不稳定,位置误差为 800m ~ 3km,平均位置误差约为 1.5km;当轨道高度为 400 ~ 600km 时,位置误差约为 500m;当轨道高度为 600 ~ 1200km 时,位置误差约为 300m;当轨道高度大于 1200km 时,位置误差约为 100m。

使用平均根数法对改进后的初轨进行轨道预报,利用精密轨道对其进行标定,结果见表 5.9。

表 5.9 近地目标预报精度($F_{10.7}=100$)

轨道类型	轨道误差/km		
	预报 1 天	预报 3 天	预报 7 天
A	3	8	100
B	2	7	30
C	0.5 ~ 0.6	1 ~ 2.6	7 ~ 9
D	0.3 ~ 1.5	1.2 ~ 2.0	3.0 ~ 12

由上可得:

(1) 平均根数法处理近地目标,定轨精度在百米量级。定轨精度与轨道高度有关,高度越低,定轨精度越差。

(2) 近地目标预报 3 天,位置误差小于 10km。

2) 近圆高轨目标

经统计,半同步轨道目标定轨精度为 2km 量级,而同步轨道定轨精度为 5km 量级。随轨道高度的增加,定轨误差呈增大的趋势。同步轨道目标定轨误差大于半同步轨道目标。同步轨道预报 15 天、半同步轨道预报 30 天误差不超过 40km。

3) 大椭圆轨道目标

经统计,大椭圆轨道目标定轨精度为 3km 量级。大椭圆轨道预报 15 天误差不超过 40km。

4. 空间目标编目轨道误差特性分析

轨道的误差可以表达为开普勒轨道根数形式和位置速度形式。长期的计算和理论分析表明位置速度的误差在 RTN 坐标系下的表达更有助于误差的分解,因此这里详细介绍 RTN 三个方向下的位置速度误差和开普勒轨道根数误差的关系,以及在三个方向下轨道误差随时间的变化规律[97,98]。

在惯性坐标系下,记初始时刻轨道根数为 $\boldsymbol{\sigma}(a,e,i,\Omega,\omega,M)$,位置为 $\boldsymbol{r}$、速度为 $\dot{\boldsymbol{r}}$,轨道根数误差为 $\Delta\sigma(\Delta a,\Delta e,\Delta i,\Delta\Omega,\Delta\omega,\Delta M)$,位置误差为 $\Delta\boldsymbol{r}$、速度误差为 $\Delta\dot{\boldsymbol{r}}$。推得位置速度误差和轨道根数误差关系为

$$\Delta\boldsymbol{r}=\frac{\boldsymbol{r}}{a}\Delta a+(H\boldsymbol{r}+K\dot{\boldsymbol{r}})\Delta e+(\hat{\boldsymbol{\Omega}}\times\boldsymbol{r})\Delta i+(\hat{\boldsymbol{Z}}\times\boldsymbol{r})\Delta\Omega+(\hat{\boldsymbol{N}}\times\boldsymbol{r})\Delta\omega+\frac{\dot{\boldsymbol{r}}}{n}\Delta M$$

$$\begin{aligned}\Delta\dot{\boldsymbol{r}}=&-\frac{\dot{\boldsymbol{r}}}{2a}\Delta\mu pa+(H'\boldsymbol{r}+K'\dot{\boldsymbol{r}})\Delta e+(\hat{\boldsymbol{\Omega}}\times\dot{\boldsymbol{r}})\Delta i\\&+(\hat{\boldsymbol{Z}}\times\dot{\boldsymbol{r}})\Delta\Omega+(\hat{\boldsymbol{N}}\times\dot{\boldsymbol{r}})\Delta\omega-\frac{\mu}{n}\frac{\boldsymbol{r}}{r^3}\Delta M\end{aligned}\tag{5.106}$$

式中：$\hat{\boldsymbol{\Omega}}$ 为轨道升交点方向单位矢量，$\hat{\boldsymbol{\Omega}}=\begin{pmatrix}\cos\Omega\\ \sin\Omega\\ 0\end{pmatrix}$；$\hat{\boldsymbol{Z}}$ 为惯性系下的 Z 方向单位矢量，$\hat{\boldsymbol{Z}}=\begin{pmatrix}0\\ 0\\ 1\end{pmatrix}$；$\hat{\boldsymbol{N}}$ 为轨道面法向的单位矢量，$\hat{\boldsymbol{N}}=\frac{1}{\sqrt{\mu p}}(\boldsymbol{r}\times\dot{\boldsymbol{r}})$；$H$、$K$、$H'$、$K'$、$\mu$、$n$ 分别为

$$H=-\frac{a}{p}(\cos E+e)$$

$$K=\left(1+\frac{r}{p}\right)\frac{\sin E}{n}$$

$$H'=\frac{\sqrt{\mu a}}{p}\frac{\sin E}{r}\left[1-\frac{a}{r}\left(1+\frac{p}{r}\right)\right]$$

$$K'=\frac{a}{p}\cos E$$

$$\mu=\mathrm{GM}_{\oplus}\text{（地球引力常数）}$$

$$n=\sqrt{\frac{\mu}{a^3}}=\frac{2\pi}{T}\text{（卫星平均运动角速度）}$$

式中：T 为卫星轨道运动周期；$p=a(1-e^2)$；$r=|\boldsymbol{r}|$；E 为轨道偏近点角。

将惯性系下位置速度误差矢量投影到 RTN 坐标系上，可得位置误差（P_{R}，P_{T}，P_{N}）和速度误差（V_{R}，V_{T}，V_{N}）：

$$\begin{cases}P_{\mathrm{R}}=\dfrac{r}{a}\Delta a-a\cos f\Delta e+\dfrac{ae}{\sqrt{1-e^2}}\sin f\Delta M\\ P_{\mathrm{T}}=r\cos i\Delta\Omega+a\left(1+\dfrac{r}{p}\right)\sin f\Delta e+r\Delta\omega+\dfrac{a^2\sqrt{1-e^2}}{r}\Delta M\\ P_{\mathrm{N}}=r\sin u\Delta i-r\sin i\cos u\Delta\Omega=\sqrt{(r\Delta i)^2+(r\sin i\Delta\Omega)^2}\sin(u+\varphi_0)\end{cases}\tag{5.107}$$

其中

$$\sin\varphi_0=\frac{\sin i\Delta\Omega}{\sqrt{\Delta i^2+\sin^2 i\Delta\Omega^2}},\cos\varphi_0=\frac{\Delta i}{\sqrt{\Delta i^2+\sin^2 i\Delta\Omega^2}}$$

$$\begin{cases}V_{\mathrm{R}}=-\dfrac{r}{2a}\Delta a-\sqrt{\dfrac{\mu}{p}}\dfrac{a}{r}\sin f\Delta e-\dfrac{\sqrt{\mu p}}{r}\cos i\Delta\Omega-\dfrac{\sqrt{\mu p}}{r}\Delta\omega-\dfrac{\mu}{n}\left(\dfrac{1}{r^2}\right)\Delta M\\ V_{\mathrm{T}}=\sqrt{\dfrac{\mu}{p}}\dfrac{a}{p}(\cos f+e)\Delta e+\sqrt{\dfrac{\mu}{p}}e\sin f\cos i\Delta\Omega+\sqrt{\dfrac{\mu}{p}}e\sin f\Delta\omega\\ V_{\mathrm{N}}=\sqrt{\dfrac{\mu}{p}}[(1+e\cos f)\cos u+e\sin f\sin u]\Delta i\\ \qquad+\sqrt{\dfrac{\mu}{p}}[(1+e\cos f)\sin i\sin u-e\sin f\sin i\cos u]\Delta\Omega\end{cases}\tag{5.108}$$

对于近圆轨道,该式(5.107)和式(5.108)可进一步化简为

$$\begin{cases}P_{\mathrm{R}}\approx\Delta a-a\cos f\Delta e\\ P_{\mathrm{T}}\approx a\cos i\Delta\Omega+2a\sin f\Delta e+a(\Delta\omega+\Delta M)\\ P_{\mathrm{N}}\approx a(\sin u\Delta i-\sin i\cos u\Delta\Omega)\end{cases}\tag{5.109}$$

$$\begin{cases}V_{\mathrm{R}}\approx-\dfrac{1}{2}\Delta a-na\sin f\Delta e-na\cos i\Delta\Omega-na(\Delta\omega+\Delta M)\\ V_{\mathrm{T}}\approx na\cos f\Delta e\\ V_{\mathrm{N}}\approx na(\cos u\Delta i+\sin i\cos u\Delta\Omega)\\ \qquad=na\left[\sin\left(u+\dfrac{\pi}{2}\right)\Delta i-\sin i\cos\left(u+\dfrac{\pi}{2}\right)\Delta\Omega\right]\end{cases}\tag{5.110}$$

比较位置和速度误差,有以下关系:

$$\begin{cases}V_{\mathrm{R}}\approx-\dfrac{2\pi}{T}P_{\mathrm{T}}\\ V_{\mathrm{T}}\approx-\dfrac{2\pi}{T}P_{\mathrm{R}}\\ V_{\mathrm{N}}\approx\dfrac{2\pi}{T}P_{\mathrm{N}}\left(u+\dfrac{\pi}{2}\right)\end{cases}\tag{5.111}$$

可推导得出 t 时刻和 t_0 时刻轨道根数误差关系近似如下:

$$\Delta a_t\approx\Delta a_0+\Delta\dot{a}(t-t_0)\quad\Delta e_t\approx\Delta e_0+\Delta\dot{e}(t-t_0)\quad\Delta i_t\approx\Delta i_0+\Delta\dot{i}(t-t_0)$$
$$\Delta\Omega_t\approx\Delta\Omega_0+\Delta\dot{\Omega}(t-t_0)\quad\Delta\omega_t\approx\Delta\omega_0+\Delta\dot{\omega}(t-t_0)$$
$$\Delta M_t\approx\Delta M_0+\Delta\dot{M}(t-t_0)=\Delta M_0-\frac{3}{2}\frac{n}{a}(\Delta a_0(t-t_0)+\Delta\dot{a}\,(t-t_0)^2)\tag{5.112}$$

根据轨道摄动原理,6 个轨道根数中 e、i、Ω、ω 误差为小量,随时间变化缓慢;半长轴 a 由于大气阻尼的影响,误差变化相对其他根数较快。M 误差随时间快速变化,且和半长轴误差相关。

可以看出:T 方向位置误差有 ΔM_t 项,它们含有时间的一次项和平方项,会随着时间推迟快速发散;R 方向位置误差只含有时间的一次项及初始半长轴误差和偏心率误差,且半长轴误差变化率 $\Delta\dot{a}$ 相对 ΔM_t 的变化率较小,因此 R 方向位置误差的长期发散不明显;N 方向的位置误差由 Δi_t 和 $\Delta\Omega_t$ 确定,按照正弦曲线振动,周期为轨道周期。上述理论分析与表 3.1 仿真计算结果高度一致,即当使用两升两降以上轨道测量数据,使轨道确定的精度稳定后,其预报的轨道位置三分量中,R 方向和 N 方向位置预报误差小且随预报时长的稳定性好,T 方向误差最大,且随预报的时长急剧扩散。

第6章　航天器防碰预警与规避策略

航天器碰撞预警及规避策略与预警系统的探测跟踪能力和跟踪效率紧密相关。理论上航天器碰撞预警规避的策略非常简单，只需给出一个最小接近距离阈值，若航天器与空间目标间的距离小于该阈值时就实施规避控制，大于该阈值时就高枕无忧。当然，这需要探测系统同时满足三个条件：①探测系统网分布合理，有能力不计成本均匀跟踪所有空间目标的所有可跟踪圈次，并且估计出所有目标几乎无误差的精密轨道；②航天器轨道动力学模型足够精细，使上述无误差的空间目标精密轨道预报一周以上时其位置误差不发散，依旧保持在10m量级甚至更高的精度；③航天器可以不计轨道控制的燃料消耗成本，不需要预留轨道控制时间，且不用考虑航天器的有效工作时间和寿命。显然满足这三个条件是不现实的。

面对数万个空间目标，基于目前的技术水平和全球所有的探测资源也不能满足上述近乎苛刻的需求。因此，在工程应用中要开展高置信度的航天器碰撞预警分析工作，必须制定合理可行的碰撞预警与规避策略。

实际上，碰撞预警与规避策略就是整个探测系统资源能力、精度和航天器规避应急响应能力的协调和可实施对策的统一。工程中一个成功的可实施的航天器碰撞预警策略，应该满足三个基本原则：①不漏警且尽量少虚警；②不干扰航天器正常工作；③规避准备时间充足且系统消耗最低。

为了维持数万个空间目标编目的完整性，基本上必须平均分配探测资源到每个空间目标上，以保证每个空间目标特别是低轨空间目标在24h内得到至少一圈跟踪数据。由3.5节可知，基于一天一圈2～3min中等精度雷达测量数据，空间目标编目轨道定轨位置精度维持在1km量级，24h预报位置精度在10km量级，7天预报位置精度在100km量级，这也是目前国际上资源能力可及条件下维持数万个空间目标编目定轨的正常水平。用这样定轨和预报的精度进行碰撞预警，必定产生大量的虚假警报，而用这些大量虚警直接指导航天器规避，将使正常工作的航天器频繁进行无谓的轨控操作，消耗大量宝贵的燃料，使碰撞预警失去工程使用实施的价值。因此空间目标定轨及预报精度是碰撞预警可工程实施的关键因素。

在调用全球所有探测资源的情况下，一个空间目标累积 1 天以上测轨数据（见 3.5 节）其定轨精度可优于 10m 量级，但考虑模型特别是 4.5 节的大气模型误差影响，其 24h 预报位置精度在 100m 量级，7 天位置预报精度也仅有 10km 量级。因此基于 100m 量级的空间目标预报位置精度开展碰撞预警是目前技术手段所能达到的最佳状态。而要完成一个空间目标百米量级的测轨和预报，其工程实现周期为 1 ~ 2 天，综合航天器规避控制需要的准备时间，一次完整可行的精密测轨预报、预警和规避控制的组织周期需 2 ~ 3 天。提前 3 天对所有空间目标进行精密测轨预警，探测资源不具备可行性，但对为数不多确实存在一定碰撞风险的空间目标开展精密测轨预警是可行的。如何在维持编目体系的编目轨道预报精度下，提前 3 天筛选出合理的危险目标进入精密测轨预警过程而不漏警，如何在精密测轨完成后尽最大可能排除虚警，提高预警可靠性是本章讨论和关注的重点。

6.1　碰撞预警计算方法

在轨航天器碰撞预警方法主要有最小距离方法和基于碰撞概率的方法。最小距离方法是一种平均方法，NASA 最早采用的就是此种判别法。当目标进入航天器 RTN 方向（径向、横向和轨道面法向）上 5km × 25km × 5km 的碰撞盒区域时，便对交会目标进行重点监视；使用最新的轨道参数计算，当目标进入航天器 RTN 方向 2km × 5km × 2km 的区域时，则要根据航天器的实际情况决定是否进行规避。由于最小距离方法未考虑交会目标的位置不确定性及几何尺寸，导致虚警率较高，相关学者后来提出了碰撞概率方法进行预警。事实上，碰撞概率和最小距离方法都有局限性，但将二者结合并根据空间目标测量定轨与不同预报时长的特点，综合开展危险目标筛选、碰撞风险预警和规避策略制定才能达到理论和工程可实施的高度统一。

6.1.1　危险目标筛选

目前在轨可测量空间目标总数大约为 1.6 万个，如此多的目标如果全部跟踪并逐个计算其精密轨道，探测资源无法承受且计算量之大难以想象。为了减少工作量，提高计算效率，必须进行接近过程分析和危险目标筛选工作，即在进行高精度轨道预报之前从大量在轨目标中快速排除与所关心航天器轨道不可能相交的目标，筛选出可能与航天器相撞或与航天器距离小于某一值的目标，进一步开展轨道预报和误差分析。

1. 利用近地点和远地点高度筛选危险目标

为在尽可能短的时间内排查有可能与在轨航天器发生碰撞的空间目标，需要对大批量空间目标进行初步筛选。筛选的第一个判据是近地点和远地点高度，将近地点高度大于航天器远地点高度的空间目标或远地点高度小于航天器近地点高度的空间目标筛除，留下可能对航天器构成威胁的目标进一步分析。

近地点和远地点高度本身的变化主要表现在两个方面：一方面是短期内的变化；另一方面是长期的变化。

1）近地点高度的短期变化

根据轨道基本理论[4]，空间目标近地点可以表示为

$$\begin{aligned} H_p &= a(1-e) = (\bar{a}+a_s^{(1)})(1-\bar{e}+e_s^{(1)}) \\ &= \bar{a}(1-\bar{e}) + \bar{a}e_s^{(1)} + a_s^{(1)}(1-\bar{e}) + a_s^{(1)}e_s^{(1)} \end{aligned} \tag{6.1}$$

式中：H_p、a、e 分别为空间目标瞬时的近地点、半长轴和偏心率；$\bar{a}$、$\bar{e}$ 分别为空间目标平均的半长轴和偏心率；$a_s^{(1)}$、$e_s^{(1)}$ 分别为空间目标瞬时半长轴和偏心率的一阶短周期项。

对于空间目标，其近地点变化主要取决于式(6.1)中的中间两项，按照空间目标的轨道特点，其中 $\bar{a}e_s^{(1)}$ 的变化应在10km以内，$a_s^{(1)}(1-\bar{e})$ 主要与 J_2 相关，是按照 10^{-3} 变化的，一般在10km以内。因此，空间目标轨道特性可以估算其变化一般在十几千米以内。

远地点轨道高度短期变化同近地点轨道高度短期变化情况。

2）近地点高度的长期变化

对于低轨空间目标，由于受到大气阻力的影响，近地点高度将不断降低。空间目标半长轴衰减（m/圈）与大气密度、面质比和半长轴之间的基本关系式为[3]

$$\mathrm{d}a = -2\pi C_d \frac{S}{M}\rho a^2 \tag{6.2}$$

式中：c_d 为大气阻力系数；S/M 为空间目标的面质比；ρ 为大气密度。

据以上半长轴衰减公式和历史经验表明，24h 内空间目标近地点高度长期变化在几百米以内。

远地点轨道高度长期变化与近地点轨道高度长期变化情况相同。

综合以上短期和长期变化，空间目标轨道特性可以估算其变化一般在十几千米以内，可以将其放宽到20km。

3）空间目标轨道变化计算分析

为了支持上述理论分析及估算结果，这里选取了部分实际空间目标数据试算了其近地点变化情况，如图 6.1～图 6.4 所示。

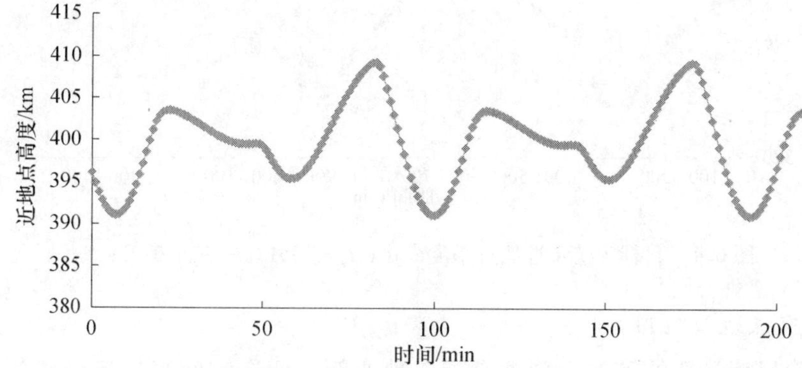

图 6.1　目标 25544 近地点幅度变化（$H_a = 410$km，$H_p = 401$km）

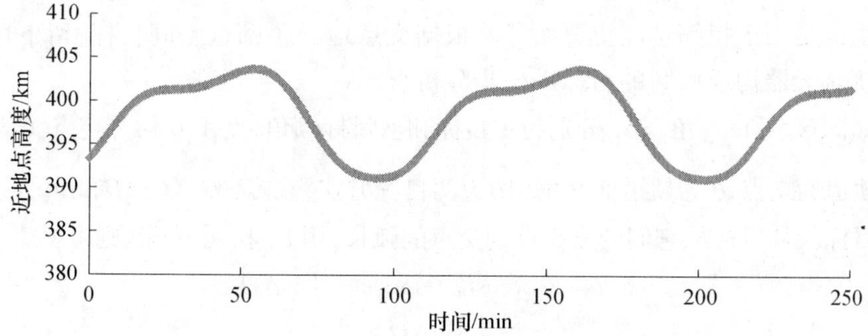

图 6.2　目标 21393 近地点幅度变化（$H_a = 1765$km，$H_p = 398$km）

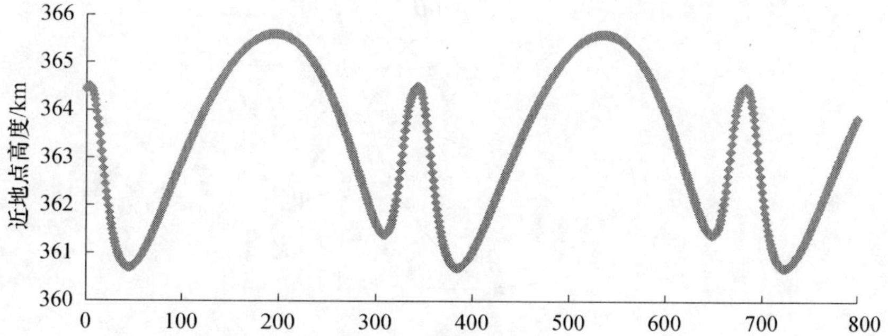

图 6.3　目标 28920 近地点幅度变化（$H_a = 19126$km，$H_p = 361$km）

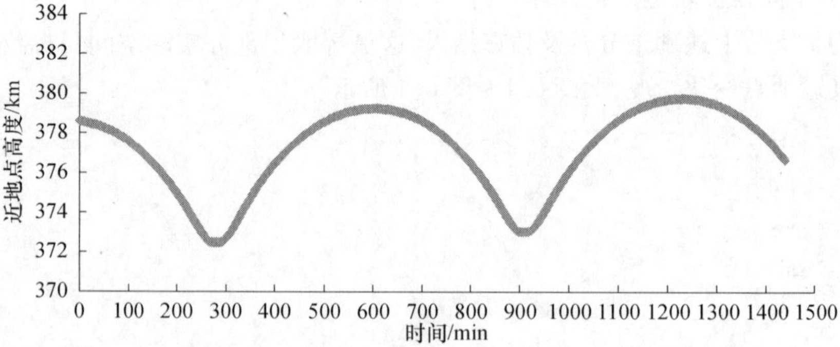

图 6.4　目标 39774 近地点幅度变化（$H_a = 35513\text{km}$，$H_p = 372\text{km}$）

2. 交点地心距筛选

危险目标筛选的第二个判据是交点地心距。两个空间目标运行在各自的轨道面内，只要其倾角或升交点赤经不相等，两个轨道面就有两个理论交点。而两个空间目标只有在交点处存在碰撞的可能，因此两个目标在两个交点处的地心距也是用于粗筛选的重要参考。根据交点地心距筛选空间目标，留下可能对在轨航天器构成威胁的目标进一步分析。

如图 6.5 所示，角 i_0、i_1 分别为主目标和从目标倾角，点 A、B 为升交点，C 为两目标轨道面交点，θ 为轨道面交角，$\overset{\frown}{AB}$为两目标升交点赤经差 $\Delta\Omega$，$\overset{\frown}{AC}$和$\overset{\frown}{BC}$分别表示主目标及从目标从它们的升交点到交点的弧长，用 u_0 和 u_1 表示，则可得[9]

$$\cos\theta = \cos i_1 \cos i_0 + \sin i_1 \sin i_0 \cos\Delta\Omega \tag{6.3}$$

$$\sin u_1 = \frac{\sin\Delta\Omega}{\sin\theta}\sin i_1 \tag{6.4}$$

$$\sin u_0 = \frac{\sin\Delta\Omega}{\sin\theta}\sin i_0 \tag{6.5}$$

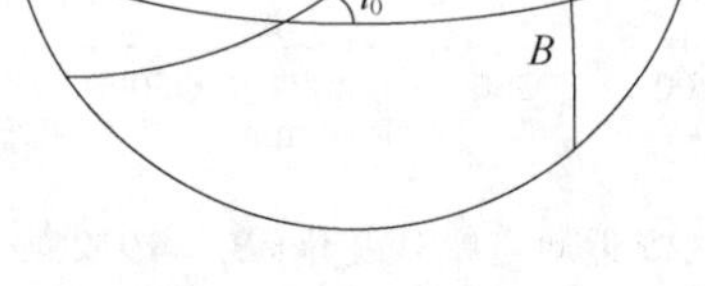

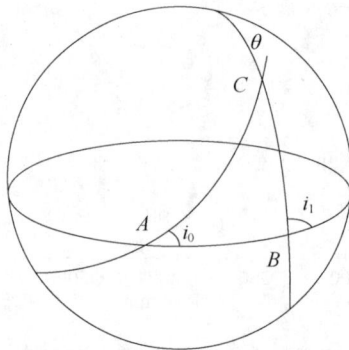

图 6.5　卫星和碎片轨道面投影天球图

利用以上的公式即可计算 u_0、u_1，进而可得在交点处的地心距 r_0、r_1。根据交点地心距筛选，即可排除 $|r_0 - r_1| > \Delta d$ 的空间目标。

在计算两个空间目标地心距时，可以同时计算两个空间目标的过交点时间差。但由于计算模型采用的是二体模型，因此在实际工程中，利用过交点时间差作为筛选条件会导致较高的漏警率，因此一般不采用此项筛选条件。

3. 两椭圆间最小距离筛选

危险目标筛选的第三个判据是两目标椭圆轨道间的最小距离，根据两椭圆间的最小距离筛选空间目标，留下可能对航天器构成威胁的目标进一步分析。

两椭圆间的最小距离筛选考虑两椭圆在空间的几何位置关系。两个任意空间目标的椭圆轨道相交示意图如图6.6所示。

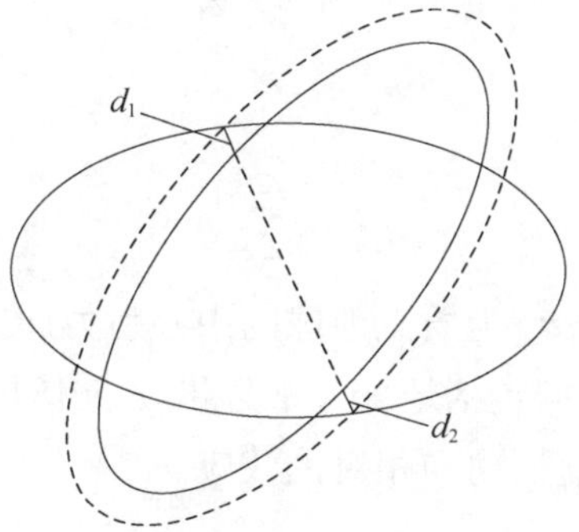

图6.6　两个任意空间目标的椭圆轨道相交示意图

两椭圆轨道一定有两个最接近距离 d_1、d_2，两个最接近距离点分别在两个椭圆轨道面交线附近，d_1、d_2 称为两椭圆间最小距离，简称椭圆最小距离。如果两椭圆间的最小距离大于距离阈值值 D，那么这两个目标就不存在碰撞的可能性。d_1 和 d_2 的具体计算方法参见文献[107]，这里不再赘述。

这里介绍的三种方法，不需要进行详细的轨道计算工作，只需要利用轨道6根数中的 a、e、i 和 Ω 四个时间慢变参数进行定性判断即可。只要串联使用上述三种方法，可知满足任意一个条件的目标轨道都不具备与主目标相撞的条件。这样可用最小的计算量和最快的速度把预警计算工作量减小1个数量级。

6.1.2　最小距离计算方法

两个空间目标接近过程中的最小距离及相关参数是判断其是否有碰撞风险的一个十分重要的因素，在不考虑两个空间目标轨道预报误差的情况下，这一因素即变为判断两者是否有碰撞可能的决定性因素。最小距离计算方法中涉及的参数包括两个目标之间的最小距离、UNW(或 RTN)方向的距离分量、接近速度和接近角度等。

1. 最小距离

对于两个空间目标的相对距离最小值计算分析工作,空间目标的轨道预报精度是影响计算结果置信度的主要因素。因此,对于涉及的相关目标,在对其进行轨道预报的过程中,必须采用高精度的动力学模型,该分析算法主要由以下三个部分组成。

1) 空间目标轨道预报

空间目标轨道预报动力学模型:

$$\ddot{\boldsymbol{r}} = \boldsymbol{a}_0 + \boldsymbol{a}_\varepsilon \tag{6.6}$$

$$\boldsymbol{a}_0 = -\frac{GM_\mathrm{e}}{r^3}\boldsymbol{r} \tag{6.7}$$

$$\boldsymbol{a}_\varepsilon = \sum_{i=1}^{6} \boldsymbol{a}_i \tag{6.8}$$

式中:G 为地球引力常数;$\boldsymbol{a}_0$ 为质点地球的中心引力加速度;$\boldsymbol{a}_\varepsilon$ 为总的摄动加速度,其中涉及的摄动力模型包括地球非球形摄动、n 体摄动、大气阻尼摄动、太阳辐射压摄动、固体潮、海潮摄动和相对论效应。

2) 最小距离计算

设航天器的位置矢量 $\boldsymbol{r}_1 = (x_1 \quad y_1 \quad z_1)^\mathrm{T}$,空间目标的位置矢量 $\boldsymbol{r}_2 = (x_2 \quad y_2 \quad z_2)^\mathrm{T}$,则这两个目标之间的相对距离为

$$D = \sqrt{(x_1 - x_2)^2 + (y_1 - y_2)^2 + (z_1 - z_2)^2} \tag{6.9}$$

计算得到航天器与空间目标之间所有历元对应的相对距离值,从这组相对距离值中插值找出距离最小的即可。

3) 最小距离时刻相对速度和相对距离的关系

在 2000.0 惯性坐标系中,设航天器和空间目标在最小距离时刻的位置矢量分别为 $\boldsymbol{r}_1$、$\boldsymbol{r}_2$,速度矢量分别为 $\boldsymbol{v}_1$、$\boldsymbol{v}_2$,则两者之间的相对距离矢量为

$$\Delta\boldsymbol{r} = \boldsymbol{r}_1 - \boldsymbol{r}_2 \tag{6.10}$$

两者之间的接近速度为

$$\Delta\boldsymbol{v} = \boldsymbol{v}_1 - \boldsymbol{v}_2 \tag{6.11}$$

相对距离的平方为

$$|\Delta\boldsymbol{r}|^2 = (\boldsymbol{r}_{-}\boldsymbol{r}_2) \cdot (\boldsymbol{r}_{-}\boldsymbol{r}_2) \tag{6.12}$$

由于此时刻距离值达到最小,因此有

$$\frac{\mathrm{d}\,|\Delta \boldsymbol{r}|^2}{\mathrm{d}t}=2(\boldsymbol{r}_1-\boldsymbol{r}_2)\cdot\frac{\mathrm{d}(\boldsymbol{r}_1-\boldsymbol{r}_2)}{\mathrm{d}t}=2(\boldsymbol{r}_1-\boldsymbol{r}_2)\cdot(\boldsymbol{v}_1-\boldsymbol{v}_2)=0 \tag{6.13}$$

即可得

$$\Delta \boldsymbol{r}\cdot\Delta \boldsymbol{v}=0 \tag{6.14}$$

两个矢量点乘为零,即表明两目标距离达到最小时,它们的相对位置矢量和相对速度矢量互相垂直。根据两目标接近时的这个特点,可作为迭代计算两目标最近距离时的修正公式,采用该公式修正可大幅提高预警计算效率和计算精度。

2. 三个方向距离计算方法

为了更直观地描述两个空间目标接近时的具体情况,除采用最近距离外,需用 UNW 坐标系(或 RTN 坐标系)下三个方向的距离分量进一步描述两个目标的接近情况。

在 2000.0 惯性坐标系中,设航天器和空间目标在距离最近时刻的位置矢量分别为 $\boldsymbol{r}_1$、$\boldsymbol{r}_2$,则两者之间的相对距离为

$$\Delta \boldsymbol{r}=\boldsymbol{r}_1-\boldsymbol{r}_2 \tag{6.15}$$

在以航天器为质心的 UNW 坐标系中,最近距离的三个方向距离分量为

$$\Delta \boldsymbol{r}_{\mathrm{UNW}}=\boldsymbol{M}_{\mathrm{UNW}}\cdot\Delta \boldsymbol{r} \tag{6.16}$$

式中:$\boldsymbol{M}_{\mathrm{UNW}}$为 J2000 惯性坐标系到 UNW 坐标系的转换矩阵。

在以航天器为质心的 RTN 坐标系中,最近距离的三个方向距离分量为

$$\Delta \boldsymbol{r}_{\mathrm{RTN}}=\boldsymbol{M}_{\mathrm{RTN}}\cdot\Delta \boldsymbol{r} \tag{6.17}$$

式中:$\boldsymbol{M}_{\mathrm{RTN}}$为 J2000 惯性坐标系到 RTN 坐标系的转换矩阵。

3. 三个方向距离分量的精度评估

碰撞预警阈值中距离阈值主要与轨道预报误差有关,而轨道预报误差主要与空间目标定轨误差和预报模型直接相关,其中定轨误差主要取决于轨道动力学模型精度和探测设备跟踪数据的质量和数量。图 6.7 ~ 图 6.9 给出了不同目标的轨道预报误差。

由图 6.7 ~ 图 6.9 并结合 5.2.4 节分析,对于近圆轨道目标,可以得出如下结论:

(1) 轨道径向和轨道法向的预报误差远小于其沿迹方向的预报误差且相对稳定。

(2) 轨道预报位置误差主要集中在沿迹方向上,随时间平方快速发散,并且轨道高度越低,误差发散情况越严重;沿迹方向预报误差传播不服从零均值分布,而是偏向真实轨道的一侧,产生了一定的系统偏差。

(3) 轨道的径向预报位置误差也随时间平方发散(相对沿迹方向发散较慢),并且在一定程度上产生了模型系统差,轨道高度越低,发散情况越严重。

(4) 轨道法向位置误差比较小,大部分在几十米量级,并且在观测数据约束良好的状况下一般服从零均值分布。

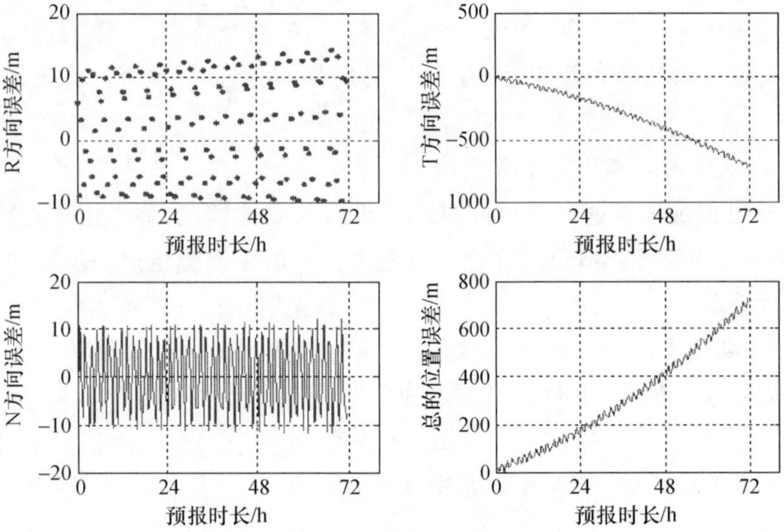

图 6.7　目标 1 轨道预报误差

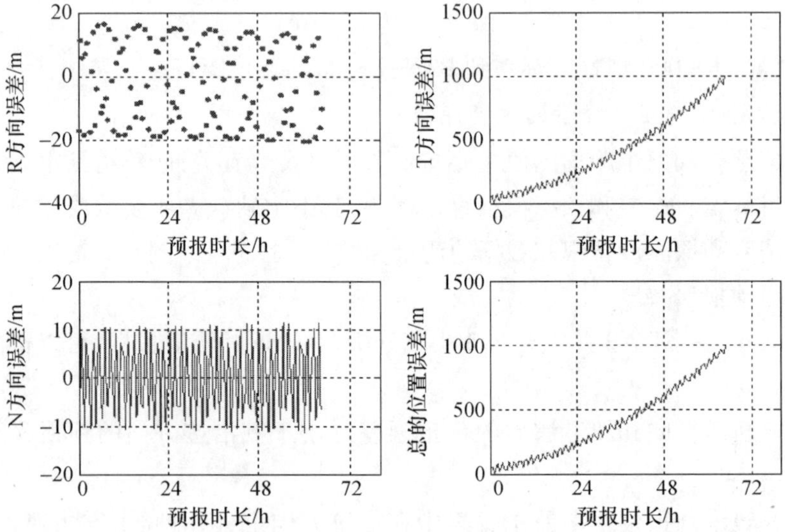

图 6.8　目标 2 轨道预报误差

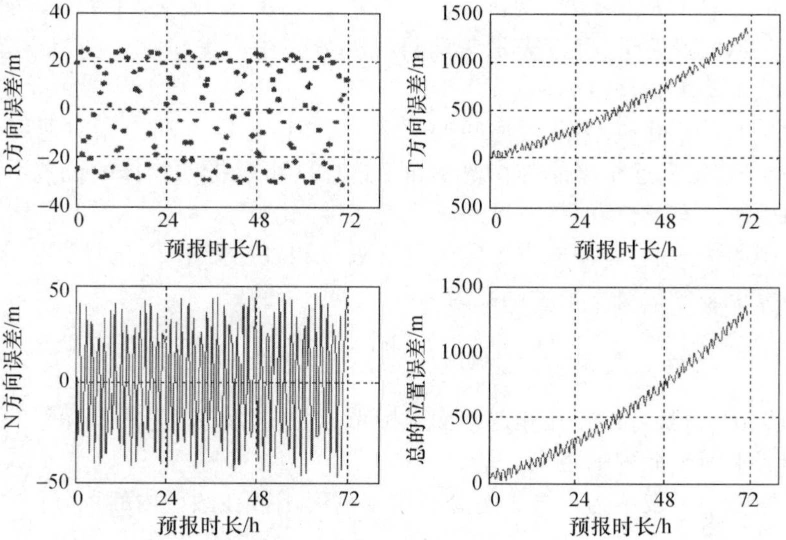

图 6.9 目标 3 轨道预报误差

因此,在碰撞预警距离阈值中,除了将最近距离作为主要参考值外,径向距离也是一项非常重要参考值。由于径向精度和法向精度都较沿迹精度高,因此用径向差可排除大量虚警。在接近时刻两目标速度矢量几乎平行时,用法向差也可排除虚警。

4. 接近角和接近速度计算

在 2000.0 惯性坐标系中,设航天器和空间目标在距离最近时刻的位置矢量分别为 $\boldsymbol{r}_1$、$\boldsymbol{r}_2$,速度矢量矢量分别为 $\boldsymbol{v}_1$、$\boldsymbol{v}_2$,则两者之间的接近角度为

$$\theta = \arccos \frac{\boldsymbol{v}_1 \cdot \boldsymbol{v}_2}{|\boldsymbol{v}_1| \cdot |\boldsymbol{v}_2|} \tag{6.18}$$

两者之间的接近速度为

$$\Delta v = |\boldsymbol{v}_1 - \boldsymbol{v}_2| \tag{6.19}$$

6.1.3 碰撞概率计算方法

空间目标碰撞风险分析中,碰撞概率的计算是基础之一。基于碰撞概率的轨迹安全分析方法采用碰撞概率作为碰撞危险程度的描述指标,碰撞概率定义为两个位置预报有误差的空间物体发生碰撞的概率。碰撞概率的计算需要用到航天器和空间目标在相遇时刻的位置、速度和位置协方差矩阵等信息。

1. 碰撞概率[107-109]

两个空间目标的碰撞概率是两目标中心的距离小于等效半径之和的概率,

可以表示为 $P_c = P(\rho < R)$，两目标间的距离 $\rho = |\boldsymbol{\rho}| = |\boldsymbol{r}_1 - \boldsymbol{r}_2|$，$\boldsymbol{r}_1$、$\boldsymbol{r}_2$ 分别为两目标的实际位置矢量，可以表示为两目标的分布中心矢量加上随机误差矢量，即 $\boldsymbol{r}_1 = \boldsymbol{r}_{1o} + \boldsymbol{e}_1$，$\boldsymbol{r}_2 = \boldsymbol{r}_{2o} + \boldsymbol{e}_2$。

由6.1.2节可知，当两目标间的距离最近时，它们处在与相对速度矢量垂直的平面内，定义这个平面为相遇平面。这样就可以把两物体的位置不确定性投影到相遇平面上，从而将三维问题化为二维问题。

在相遇平面上，碰撞概率密度函数 $f(x,z)$ 和碰撞概率 P_c 的计算公式如下：

二维正态分布概率密度函数为

$$f(x,z) = \frac{1}{2\pi\sigma'_x\sigma'_z}\exp\left[-\frac{1}{2}\left(\frac{(x-\mu_x)^2}{\sigma'^2_x} + \frac{(z-\mu_z)^2}{\sigma'^2_z}\right)\right] \tag{6.20}$$

式中：σ'_x、σ'_z 为联合误差在相遇平面坐标系上分量；μ_x、μ_z 为两目标间的相对距离在相遇平面坐标内的距离分量。

碰撞概率可表示为二维正态分布概率密度函数在圆域内的积分：

$$P_c = \iint_{x^2+z^2 \leqslant R^2} f(x,z)\,\mathrm{d}x\mathrm{d}z \tag{6.21}$$

影响碰撞概率计算结果的主要因素包括两个空间目标的尺寸、相对位置、相对速度和位置误差因素。

2. 最大碰撞概率

理论和实际分析表明，对于一定的交会位置、速度、几何条件和目标大小，碰撞概率会随着位置误差不确定性的增大先增大，在一定的位置误差条件下达到碰撞概率极大值，随后碰撞概率随着位置误差的增大而减小。在实际的工程应用中，最大碰撞概率的计算十分重要，因为一般情况下航天器和空间目标的实际位置误差协方差矩阵都是未知的，或者是只知道它们的误差椭球形状而不知具体的参数大小，就需要确定最坏情况下的碰撞概率大小。最大碰撞概率还可以用于空间目标的预筛选，当最大碰撞概率小于某个设定的阈值时认为该空间目标不会对航天器构成威胁[101]。

二维正态分布概率密度函数为

$$f(x,z) = \frac{1}{2\pi\sigma'_x\sigma'_z}\exp\left[-\frac{1}{2}\left(\frac{(x-\mu_x)^2}{\sigma'^2_x} + \frac{(z-\mu_z)^2}{\sigma'^2_z}\right)\right] \tag{6.22}$$

碰撞概率可表示为二维正态分布概率密度函数在圆域内的积分，即

$$P_c = \iint_{x^2+z^2 \leqslant R^2} f(x,z)\,\mathrm{d}x\mathrm{d}z \tag{6.23}$$

由积分变量记号无关性，为方便叙述，下面将变量 z 换为变量 y。不等方差概率密度函数为

$$f(x,y) = \frac{1}{2\pi\sigma_x\sigma_y}\exp\left[-\frac{1}{2}\left(\frac{(x-\mu_x)^2}{\sigma^2_x} + \frac{(y-\mu_y)^2}{\sigma^2_y}\right)\right] \tag{6.24}$$

碰撞概率为

$$P_{\mathrm{c}}=\frac{1}{2\pi\sigma^2}\iint_{x^2+y^2\leqslant R^2}\exp\left[-\frac{(x-\mu_x)^2+(y-\mu_y)^2}{2\sigma^2}\right]\mathrm{d}x\mathrm{d}y \tag{6.25}$$

令

$$\mu_r=\sqrt{\mu_x^2+\mu_y^2} \tag{6.26}$$

定义无量纲变量：

$$\nu=\frac{\mu_r^2}{2\sigma^2},u=\frac{R^2}{2\sigma^2} \tag{6.27}$$

碰撞概率可以化为无穷级数形式，取其第一项为 P_{c} 的近似：

$$P_{\mathrm{c}}=\mathrm{e}^{-v}(1-\mathrm{e}^{-u}) \tag{6.28}$$

欲求 P_{c} 的极大值，将 P_{c} 对 σ 求导，令偏导数为0，则有

$$\begin{aligned}\frac{\partial P_{\mathrm{c}}}{\partial\sigma}&=\frac{\partial P_{\mathrm{c}}}{\partial v}\cdot\frac{\partial v}{\partial\sigma}+\frac{\partial P_{\mathrm{c}}}{\partial u}\cdot\frac{\partial u}{\partial\sigma}\\&=\mathrm{e}^{-v}(1-\mathrm{e}^{-u})\frac{\mu_r^2}{\sigma^3}-\mathrm{e}^{-v}\mathrm{e}^{-u}\frac{R^2}{\sigma^3}=0\end{aligned} \tag{6.29}$$

整理上式，可得

$$u=\ln\left(1+\frac{R^2}{\mu_r^2}\right) \tag{6.30}$$

于是，得到 P_{c} 取极大值时相应的 σ 值，即

$$\sigma_{\mathrm{D}}=\frac{R}{\sqrt{2\ln\left(1+\frac{R^2}{\mu_r^2}\right)}} \tag{6.31}$$

将上式代入碰撞概率的一阶近似表达式，得最大碰撞概率为

$$P_{\mathrm{cmax}}=\frac{R^2}{R^2+\mu_r^2}\left(\frac{\mu_r^2}{R^2+\mu_r^2}\right)^{\frac{\mu_r^2}{R^2}} \tag{6.32}$$

定义无量纲变量：

$$\lambda=\frac{\mu_r^2}{R^2}=\frac{\nu}{u} \tag{6.33}$$

则最大概率为

$$P_{\mathrm{cmax}}=\frac{\lambda^{\lambda}}{(1+\lambda)^{1+\lambda}} \tag{6.34}$$

3. 相关参数对碰撞概率的影响

由于空间目标测量存在误差，目标运行轨迹存在很多不确定因素，因此在进行碰撞预警分析计算时必须综合考虑空间目标相对运动状态（接近距离、接

近角度等)、空间轨道最小距离、碰撞概率等参数的影响。在空间事件交会确认中,需要深入分析碰撞预警计算的影响因素和影响尺度。

碰撞概率的计算综合考虑了交会几何关系、空间目标轨道预报误差、目标尺寸等因素,是比较全面的风险评估指标。但是,在碰撞预警工程中,接近距离(及其 UNW 分量)、相对速度、交会角度等信息也是重要的风险评估指标。在某些情况下,利用基于 UNW 距离的 Box 方法是更可靠的方法,但是更可靠意味着更保守。

在这种情况下,有必要了解碰撞概率 P_c 和接近距离的 UNW 分量及其他交会几何之间的关系,这对于更加深刻理解这两类指标,并在碰撞预警工程中合理应用具有重要意义。由于碰撞概率 P_c 和接近距离的 UNW 分量都是碰撞风险的表现,具有内在一致性,因此可以分析它们之间的关系。

1) N 方向距离和误差对碰撞概率的影响

由碰撞概率的显式表达式可知,碰撞概率随 N 方向距离的增大而减小。在其他条件不变的情况下,令 N 方向距离变化,图 6.10 为 P_c 随 N 方向距离变化曲线。

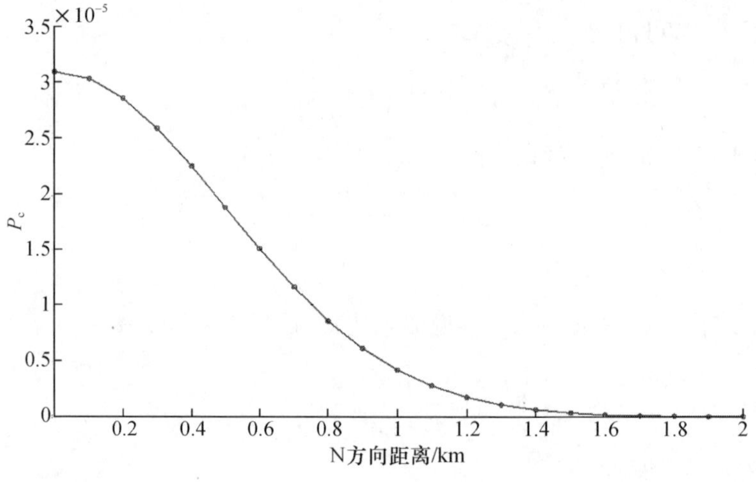

图 6.10　P_c 随 N 方向距离变化曲线

图 6.11 也为 P_c 随 N 方向距离的变化曲线,纵坐标为对数形式。该图表明,当 N 方向距离大于 $2\text{km} \approx 4\sigma_N$ 时,$P_c < 10^{-8}$。

空间目标整体位置预报误差与各方向预报误差对碰撞概率的影响趋势相同,都有碰撞概率随误差增大先增大后减小的趋势,存在最大碰撞概率。在其他条件不变的情况下,令 N 方向误差变化,图 6.12 为 P_c 随 N 方向误差标准差的变化曲线。当 $\sigma_N = 0.0315\text{km}$ 时,P_c 取得最大值 2.966×10^{-4}。

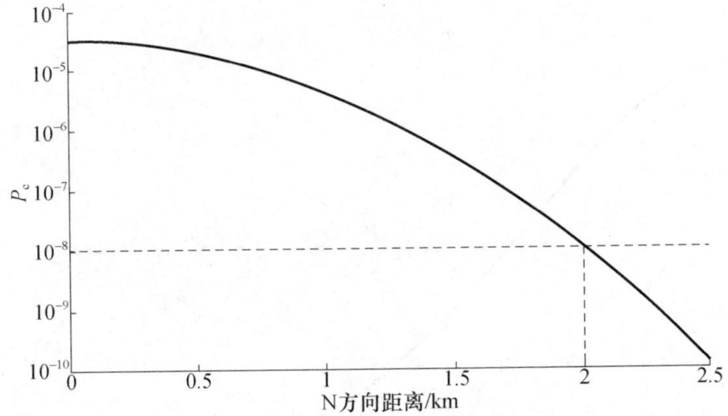

图 6.11　P_c 随 N 方向距离变化曲线

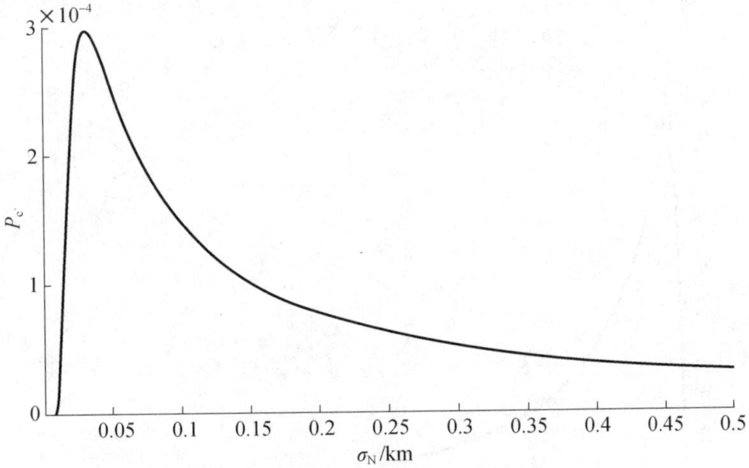

图 6.12　P_c 随 N 方向误差标准差变化曲线

2）U 和 W 方向距离和误差对碰撞概率的影响

由碰撞概率的显式表达式可知，碰撞概率随 U、W 方向的联合距离 $\sqrt{U^2+W^2}$ 的增大而减小。在其他条件不变的情况下，令 $\sqrt{U^2+W^2}$ 变化，图 6.13 为 P_c 随 $\sqrt{U^2+W^2}$ 的变化曲线。当 $\sqrt{U^2+W^2}>10\text{km}\approx 3\sigma_{UW}$ 时，P_c 已变得很小。

在其他条件不变的情况下，令 U、W 方向误差同时随着比例因子 k 变化，图 6.14 为 P_c 随比例因子的变化曲线。当 $k=0.221$，即 $\sigma_{UW}=0.221\times 3.1554=0.6973(\text{km})$ 时，P_c 为最大值 8.678×10^{-5}。

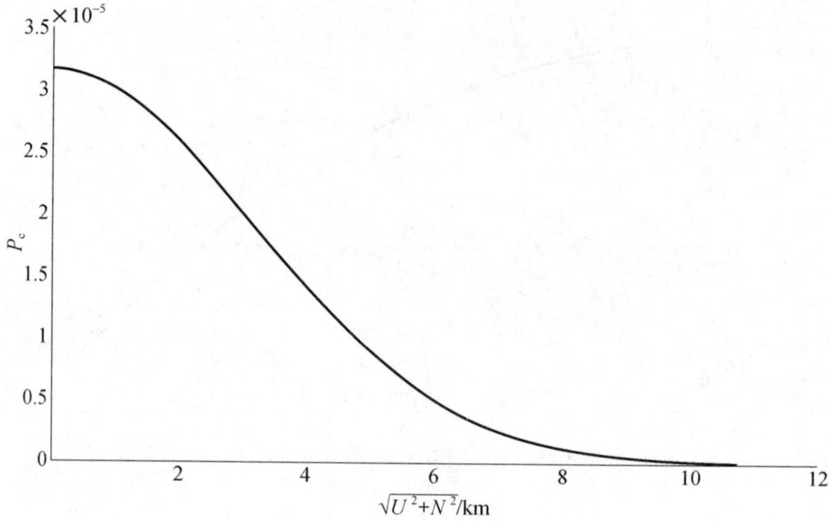

图 6.13　P_c 随 $\sqrt{U^2+W^2}$ 的变化曲线

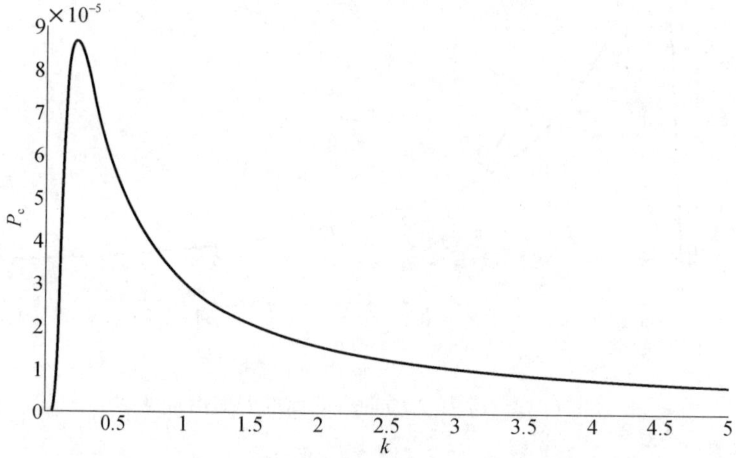

图 6.14　P_c 随 U、W 方向联合误差的比例因子的变化曲线

3）接近角度对碰撞概率的影响

轨道面夹角 φ 对碰撞概率的影响因联合误差椭球形状和大小的不同而异。一般情况下,空间目标 U 方向预报误差大于 W 方向预报误差,此时,随着轨道面夹角 φ 从 0 增大到 π,U、W 方向联合误差会减小。如果 U 方向预报误差小于 W 方向预报误差,随着轨道面夹角 φ 从 0 增大到 π,U、W 方向联合误差会增大。下面通过公式推导这个结果。水平面内联合误差方差表达式为

$$\sigma_{UW}^2 = \sigma_U^2 \cos^2 \frac{\varphi}{2} + \sigma_W^2 \sin^2 \frac{\varphi}{2} = \sigma_U^2 + (\sigma_W^2 - \sigma_U^2) \sin^2 \frac{\varphi}{2} \tag{6.35}$$

当 $\sigma_W^2 < \sigma_U^2$ 时,在[0,π]区间内随着 φ 的增大,σ_{UW}^2减小;当 $\sigma_W^2 > \sigma_U^2$ 时,在[0,π]区间内随着 φ 的增大,σ_{UW}^2增大。

对于大多数轨道误差较大的情况,随着误差的增大碰撞概率减小。此时当 $\sigma_W^2 < \sigma_U^2$ 时,在[0,π]区间内随着 φ 的增大,碰撞概率会增大;当 $\sigma_W^2 > \sigma_U^2$ 时,在[0,π]区间内随着 φ 的增大,碰撞概率会减小。

图 6.15 给出了本例中碰撞概率随接近角度的变化曲线。由于 $\sigma_W^2 < \sigma_U^2$,因此在[0,π]区间内随着 φ 的增大,σ_{UW}^2减小。碰撞概率随着 σ_{UW}^2的减小先增大,达到最大碰撞概率后开始减小。这也与图 6.14 的结果是一致的。

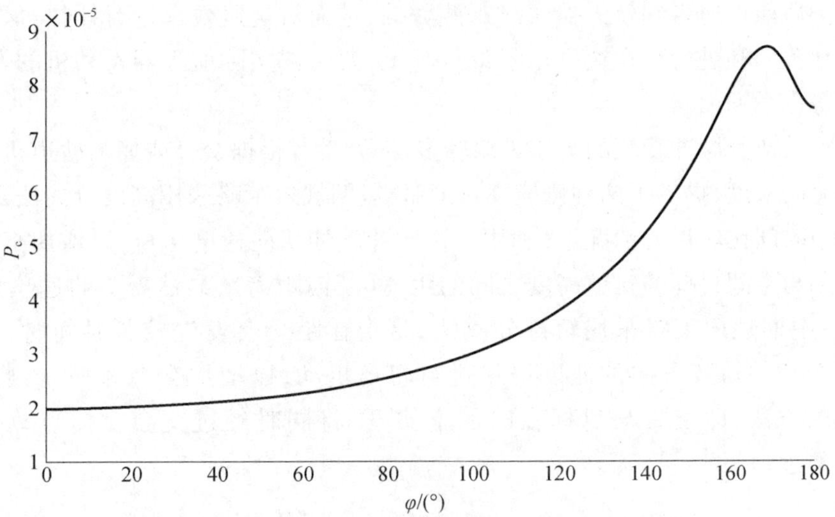

图 6.15　P_c 随接近角度的变化曲线

通过对碰撞概率影响因素的分析,可以得到如下结论:

(1) 因为联合误差椭球形状的不同,所以轨道面夹角对碰撞概率的影响不同。迹向误差大于侧向误差时碰撞概率随轨道面夹角增大而增大;迹向误差小于侧向误差时碰撞概率随轨道面夹角增大而减小。在空间目标位置预报中,迹向误差一般大于径向和侧向误差,所以碰撞概率会随着轨道面夹角的增大而增大。

(2) 空间目标整体位置预报误差与各方向预报误差对碰撞概率的影响趋势相同,都有碰撞概率随误差增大先增大后减小的趋势,存在最大碰撞概率。

6.2 航天器规避的基本方法

航天器在轨规避是确保航天飞行任务安全的一个重要措施。碰撞规避机动是在碰撞预警的基础上,根据碰撞风险参数、接近几何关系等信息,考虑任务约束和与轨道维持结合,航天器通过轨道机动等方式,避免与其他空间目标发生碰撞。碰撞规避机动以碰撞风险分析为基础,给出规避机动的实施准则和判断标准,研究最优碰撞规避机动的计算方法和实施策略,包括推力方向和作用时间的选择等。因此规避机动实质上是一个变轨问题,核心是最优变轨和任务约束。在规避时机的选择上,要保证航天器在变轨时处于测站的监控之中,变轨完毕后能迅速得到航天器实时观测数据,进而对规避效果进行评估,保证航天器任务顺利进行。在速度增量的计算上,要考虑实际航天器发动机的燃料、推力等一系列因素。

目前研究脉冲变轨的规避策略较多,部分学者根据交会碰撞与轨道机动之间的时间长度,提供了两种碰撞规避策略:短期规避策略采用高度分离法,是指在预报时间比较近的情况下,利用一次脉冲施加切向速度增量,以增加交会碰撞时刻与空间目标的轨道高度之间的距离(径向距离),显然需要的速度增量较大;中期规避策略采用轨迹分离法,是指在距交会发生较长时间时,利用若干个小的轨迹方向的速度增量进行轨道机动,以增加交会碰撞时刻切向距离的方法,即使其与目标在时间上错开,将同时经过交会碰撞点改变为先后经过。

6.2.1 高度规避方法

高度规避即在碰撞前 $n+1/2(n=0,1,2,\cdots)$ 轨道圈内,对航天器施加一个沿迹方向的速度增量,抬高或降低轨道高度,使其通过预计碰撞点时存在一个径向距离差,从而避免与危险目标相撞。

该方法已明确 t_1 时刻有目标可能与航天器发生碰撞。现要求在 t_0 时刻对航天器实施规避机动,且机动时间与碰撞时间较接近,故宜采用高度规避策略。由此可知,高度规避方法的要点为已知航天器变轨时刻的位置速度和目标点位置,计算其目标轨道根数以及变轨点的速度增量。

假设:在不规避情况下,t_0、t_1 时刻航天器的轨道分别为 σ_0、σ_1;在 t_0 时刻机动后,t_0、t_1 时刻航天器的轨道分别为 σ'_0、σ'_1。根据轨道运行理论及规避约束条件有

$$\begin{cases}\sigma_1=\sigma_0+\overline{\sigma_1}(t_1-t_0)+\overline{\sigma_s}(t_1)-\overline{\sigma_s}(t_0)\\ \sigma'_1=\sigma'_0+\overline{\sigma'_1}(t_1-t_0)+\overline{\sigma'_s}(t_1)-\overline{\sigma'_s}(t_0)\\ \sigma'_0=\sigma_0+\Delta\sigma_0(\Delta v)\\ \boldsymbol{r}(\sigma'_1)=\boldsymbol{r}(\sigma_1)+\Delta r\end{cases}\tag{6.36}$$

式中：σ_0、σ_1 分别为 t_0、t_1 时刻航天器的瞬时轨道根数；$\overline{\sigma}_1$、$\overline{\sigma}_s$分别为变轨前航天器轨道根数的长期项系数和短周期项；σ'_0、σ'_1 分别为 t_0 时刻变轨后 t_0、t_1 时刻航天器的瞬时轨道根数；$\overline{\sigma}'_1$、$\overline{\sigma}'_s$分别为变轨后航天器轨道根数的长期项系数和短周期项；$\Delta\sigma_0(\Delta v)$为 t_0 时刻变轨后，由速度变化引起的航天器轨道根数变化量；$\boldsymbol{r}$ 为航天器位置矢量；Δr 为航天器位置变化量。

因为规避机动一般消耗能量很小，控制量相应的也很小，$\Delta\sigma\left(\frac{\Delta a}{a},\Delta e,\Delta i,\Delta\Omega,\Delta\omega,\Delta M\right)$一般应在 $O(10^{-3})$量级，因此$\overline{\sigma}_1(\overline{\sigma}_0)$与$\overline{\sigma}'_1(\overline{\sigma}'_0)$之间的差异的量级为 $O(J_2\cdot\Delta\sigma_{a,e,i})=O(10^{-6})$；同样$\overline{\sigma}_s$与$\overline{\sigma}'_s$之间的差异也在 $O(10^{-6})$量级上。由于高度规避常在紧急情况下运行，机动时刻与碰撞时刻相对接近（不超过一个周期），因此有 $\Delta\sigma=(\overline{\sigma}'_1+\overline{\sigma}_1)(t_1-t_0)+(\overline{\sigma}'_s(t_1)-\overline{\sigma}_s(t_1))-(\overline{\sigma}'_s(t_0)-\overline{\sigma}_s(t_0))$，约 $O(10^{-5})$量级。

根据以上分析可知，在规避机动计算时可选用二体情况计算，本书采用了兰伯特飞行时间定理求解规避机动。具体计算步骤如下：

(1) 由兰伯特方程求解半长轴 a 的迭代方程为

$$F(a)=n(t_2-t_1)-((\alpha-\sin\alpha)-(\beta-\sin\beta))=0\tag{6.37}$$

用牛顿迭代法解上式，估计一初值 α_0 点做泰勒展开，且只取到 Δa 项，即

$$F(a)=F(a_0)+\left(\frac{\mathrm{d}F}{\mathrm{d}a}\right)\Delta a=0\tag{6.38}$$

$$\frac{\mathrm{d}F}{\mathrm{d}a}=-\frac{3n}{2a}(t_2-t_1)+\frac{r_1+r_2+c}{2a^2}\tan\frac{\alpha}{2}-\frac{r_1+r_2-c}{2a^2}\tan\frac{\beta}{2}\tag{6.39}$$

式中：$n=\sqrt{\frac{\mu}{a^3}}$；α、β 满足：

$$\begin{cases}\sin\frac{\alpha}{2}=\sqrt{\frac{r_1+r_2+c}{4a}}\\ \sin\frac{\beta}{2}=\sqrt{\frac{r_1+r_2-c}{4a}}\end{cases}\quad 0°<\beta<\alpha\leqslant180°\tag{6.40}$$

$$c=|\boldsymbol{r}_1-\boldsymbol{r}_2|$$

沿最小能量椭圆由 t_1 时刻飞至 t_2 时刻点的时间为

$$\Delta t_m = \sqrt{\frac{S^3}{2\mu}} \frac{[\alpha_m - \sin\alpha_m + (\beta_m - \sin\beta_m)]}{2} \tag{6.41}$$

其中

$$S = \frac{r_1 + r_2 + c}{2} \tag{6.42}$$

对于已知两点地心距 r_1、r_2 及其夹角 Δf 的控制问题,可以根据 Δt 与 Δt_m 的关系和夹角 Δf 的大小,由相应的公式求解轨道半长轴:

$$\Delta t = t_2 - t_1 \tag{6.43}$$

$$\tan\Delta f = \frac{\boldsymbol{r}_2 \times \boldsymbol{r}_1}{\boldsymbol{r}_2 \cdot \boldsymbol{r}_1} \tag{6.44}$$

当 $\Delta f \leqslant 180°, \Delta t \leqslant \Delta t_m$ 时,有

$$\begin{cases} F(a) = n(t_2 - t_1) - [(\alpha - \sin\alpha) - (\beta - \sin\beta)] \\ \dfrac{dF}{da} = -\dfrac{3n}{2a}(t_2 - t_1) + \dfrac{r_1 + r_2 + c}{2a^2}\tan\dfrac{\alpha}{2} - \dfrac{r_1 + r_2 - c}{2a^2}\tan\dfrac{\beta}{2} \end{cases} \tag{6.45}$$

当 $\Delta f \leqslant 180°, \Delta t \geqslant \Delta t_m$ 时,有

$$\begin{cases} F(a) = n(t_2 - t_1) - [2\pi - (\alpha - \sin\alpha) - (\beta - \sin\beta)] \\ \dfrac{dF}{da} = -\dfrac{3n}{2a}(t_2 - t_1) - \left(\dfrac{r_1 + r_2 + c}{2a^2}\tan\dfrac{\alpha}{2} + \dfrac{r_1 + r_2 - c}{2a^2}\tan\dfrac{\beta}{2}\right) \end{cases} \tag{6.46}$$

当 $\Delta f \geqslant 180°, \Delta t \leqslant \Delta t_m$ 时,有

$$\begin{cases} F(a) = n(t_2 - t_1) - [(\alpha - \sin\alpha) + (\beta - \sin\beta)] \\ \dfrac{dF}{da} = -\dfrac{3n}{2a}(t_2 - t_1) + \dfrac{r_1 + r_2 + c}{2a^2}\tan\dfrac{\alpha}{2} + \dfrac{r_1 + r_2 - c}{2a^2}\tan\dfrac{\beta}{2} \end{cases} \tag{6.47}$$

当 $\Delta f \geqslant 180°, \Delta t \geqslant \Delta t_m$ 时,有

$$\begin{cases} F(a) = n(t_2 - t_1) - [2\pi - (\alpha - \sin\alpha) + (\beta - \sin\beta)] \\ \dfrac{dF}{da} = -\dfrac{3n}{2a}(t_2 - t_1) - \left(\dfrac{r_1 + r_2 + c}{2a^2}\tan\dfrac{\alpha}{2} - \dfrac{r_1 + r_2 - c}{2a^2}\tan\dfrac{\beta}{2}\right) \end{cases} \tag{6.48}$$

又因为

$$\Delta a = -F(a_0) / \left(\frac{dF}{da}\right)_0 \tag{6.49}$$

因此,规避后轨道半长轴为

$$a_1 = a_0 + \Delta a \tag{6.50}$$

(2) 判断 a_1 是否满足精度要求,即 $|a_1 - a_0| \leqslant \varepsilon$,如果不满足要求,则将 $F(a)$ 在 a_1 点做泰勒展开,如此继续直到求得满足精度要求的 a 值。

(3) 对于一般航天器,飞行轨道基本为圆轨道,因此轨道机动速度增量为

$$\Delta\nu = \nu_2 - \nu_1 = \sqrt{\mu\left[\left(\frac{2}{r_1} - \frac{1}{a_2}\right) - \left(\frac{2}{r_1} - \frac{1}{a_1}\right)\right]} \tag{6.51}$$

该方法采用了兰伯特飞行原理,用简化二体开普勒模型取代高精度轨道预报方法,通过给定的约束条件,即可迭代求解规避机动速度增量。

在此基础上,结合二维碰撞概率积分方法,利用固定步长搜索方法,就可以得到规避机动速度增量的最优解。

6.2.2　时间规避方法

时间规避即在碰撞前 $n(n \geqslant 2)$ 轨道圈内,对航天器施加几个较小的沿迹方向的速度增量,抬高或降低轨道高度,使其通过预计碰撞点的时刻错开,从而避免与危险目标相撞。

由此可知,时间规避方法的要点为已知航天器变轨时刻的位置速度和目标点位置,计算其变轨点的速度增量。具体计算步骤如下:

(1) 变轨前轨道周期为

$$T_1 = 2\pi / \sqrt{\mu / a_1^3} \tag{6.52}$$

(2) 根据规避约束条件,假设通过预计碰撞点的时刻需要错开 Δt_a,则变轨后航天器的轨道周期为

$$T_2 = T_1 + (-1)^j \Delta t_a \Big/ \frac{t_1 - t_2}{T_1}, \quad j = 1,2 \tag{6.53}$$

(3) 目标轨道半长轴为

$$a_2 = \sqrt[3]{\mu / (2\pi / T_2)^2} \tag{6.54}$$

(4) 轨道机动速度增量为

$$\Delta v = v_2 - v_1 = \sqrt{\mu\left[\left(\frac{2}{r_1} - \frac{1}{a_2}\right) - \left(\frac{2}{r_1} - \frac{1}{a_1}\right)\right]} \tag{6.55}$$

该方法直接用轨道周期与轨道半长轴的关系,通过给定的约束条件,即可求解相应的规避所需速度增量。

在此基础上,结合二维碰撞概率积分方法,利用固定步长搜索方法就可以得到规避机动速度增量的最优解。

6.3　航天器飞行安全碰撞预警策略及示例

由于空间资源的利用率越来越高,太空中空间目标的数量剧增,航天器所在轨道的环境日益恶化,空间目标间碰撞概率越来越大。任意一颗在轨航天器

遭受碰撞都会给国民经济建设和国防安全带来不可估量的损失。为了保障航天任务的安全,必须及时进行航天器防碰撞的预警,指导航天器进行避碰控制,同时要最大可能减少航天器虚警带来的规避成本,有必要制定完善的组织流程与规范,建立碰撞预警与规避一体化系统。

根据轨道预报精度和规避处置所需时间要求,一般将在轨航天器碰撞预警和规避流程分为危险目标筛选阶段(无色预警阶段)、日常预警分析阶段(黄色预警阶段)、精预警阶段(红色预警阶段)和规避控制阶段。

6.3.1 危险目标筛选阶段

每日使用正常编目轨道完成当天起7天内所有在轨航天器的碰撞预警计算,若出现进入潜在危险预警阈值的接近事件,则对涉及的危险目标下达补充级跟踪计划,累计跟踪测量数据,为后续进一步判断接近事件的危险程度打下基础。

为了验证危险目标筛选算法可行性,我们计算了2014年8月21日9颗在轨航天器与15000余个空间目标相对关系情况。其中,第一次筛选是利用近地点、远地点高度筛选;第二次筛选是利用轨道面交点地心距的筛选;第三次筛选是利用两个轨道面椭圆最小距离筛选。以下是8种不同筛选条件下的交会事件筛选情况:

筛选条件一:

(1) 近地点以下20km,远地点以上20km;

(2) 轨道面交点地心距50km。

交会事件筛选情况见表6.1。

表6.1 交会事件筛选情况(一)

检测目标	轨道高度/km	近地点/km	远地点/km	第一次筛选后		第二次筛选后	
				数量/个	占比/%	数量/个	占比/%
卫星1	500以下	367	377	620	4.1	144	1.0
卫星2		473	492	1336	8.8	468	3.1
卫星3	500~900	581	586	2256	14.8	1003	6.6
卫星4		620	662	3561	23.4	1832	12.0
卫星5		684	697	3849	25.3	2102	13.8
卫星6		786	794	5346	35.2	3139	20.7
卫星7		816	831	5967	39.3	3418	22.5
卫星8	900以上	981	1196	5025	33.1	1220	8.0
卫星9		1190	1211	2628	17.3	466	3.1

筛选条件二：

(1)近地点以下 20km,远地点以上 20km；

(2)椭圆最小距离 50km。

交会事件筛选情况见表 6.2。

表 6.2　交会事件筛选情况(二)

检测目标	轨道高度/km	近地点/km	远地点/km	第一次筛选后		第二次筛选后	
				数量/个	占比/%	数量/个	占比/%
卫星 1	500 以下	367	377	620	4.1	146	1.0
卫星 2		473	492	1336	8.8	468	3.1
卫星 3	500 ~ 900	581	586	2256	14.8	1004	6.6
卫星 4		620	662	3561	23.4	1836	12.1
卫星 5		684	697	3849	25.3	2103	13.8
卫星 6		786	794	5346	35.2	3147	20.7
卫星 7		816	831	5967	39.3	3425	22.5
卫星 8	900 以上	981	1196	5025	33.1	1227	8.1
卫星 9		1190	1211	2628	17.3	472	3.1

筛选条件三：

(1) 近地点以下 20km,远地点以上 20km；

(2) 轨道面交点地心距 20km。

交会事件筛选情况见表 6.3。

表 6.3　交会事件筛选情况(三)

检测目标	轨道高度/km	近地点/km	远地点/km	第一次筛选后		第二次筛选后	
				数量/个	占比/%	数量/个	占比/%
卫星 1	500 以下	367	377	620	4.1	79	0.5
卫星 2		473	492	1336	8.8	248	1.6
卫星 3	500 ~ 900	581	586	2256	14.8	542	3.6
卫星 4		620	662	3561	23.4	966	6.4
卫星 5		684	697	3849	25.3	1127	7.4
卫星 6		786	794	5346	35.2	1801	11.8
卫星 7		816	831	5967	39.3	1722	11.3
卫星 8	900 以上	981	1196	5025	33.1	503	3.3
卫星 9		1190	1211	2628	17.3	234	1.5

筛选条件四：

(1) 近地点以下 20km,远地点以上 20km;

(2) 椭圆最小距离 20km。

交会事件筛选情况见表 6.4。

表 6.4 交会事件筛选情况(四)

检测目标	轨道高度/km	近地点/km	远地点/km	第一次筛选后		第二次筛选后	
				数量/个	占比/%	数量/个	占比/%
卫星 1	500 以下	367	377	620	4.1	80	0.5
卫星 2		473	492	1336	8.8	248	1.6
卫星 3	500 ~ 900	581	586	2256	14.8	542	3.6
卫星 4		620	662	3561	23.4	966	6.4
卫星 5		684	697	3849	25.3	1129	7.4
卫星 6		786	794	5346	35.2	1807	11.9
卫星 7		816	831	5967	39.3	1726	11.3
卫星 8	900 以上	981	1196	5025	33.1	504	3.3
卫星 9		1190	1211	2628	17.3	235	1.6

筛选条件五：

(1) 近地点以下 40km,远地点以上 40km;

(2) 轨道面交点地心距 50km。

交会事件筛选情况见表 6.5。

表 6.5 交会事件筛选情况(五)

检测目标	轨道高度/km	近地点/km	远地点/km	第一次筛选后		第二次筛选后	
				数量/个	占比/%	数量/个	占比/%
卫星 1	500 以下	367	377	721	4.8	180	1.2
卫星 2		473	492	1595	10.5	547	3.6
卫星 3	500 ~ 900	581	586	2713	17.8	1311	8.6
卫星 4		620	662	4078	26.9	2050	13.5
卫星 5		684	697	4512	29.7	2505	16.5
卫星 6		786	794	6340	41.8	3785	24.9
卫星 7		816	831	6859	45.2	4034	26.6
卫星 8	900 以上	981	1196	5462	36.0	1248	8.2
卫星 9		1190	1211	2784	18.3	518	3.4

筛选条件六：

(1) 近地点以下 40km，远地点以上 40km；

(2) 椭圆最小距离 50km。

交会事件筛选情况见表 6.6。

表 6.6　交会事件筛选情况(六)

检测目标	轨道高度/km	近地点/km	远地点/km	第一次筛选后		第二次筛选后	
				数量/个	占比/%	数量/个	占比/%
卫星 1	500 以下	367	377	721	4.8	182	1.2
卫星 2		473	492	1595	10.5	547	3.6
卫星 3	500～900	581	586	2713	17.8	1312	8.7
卫星 4		620	662	4078	26.9	2054	13.5
卫星 5		684	697	4512	29.7	2506	16.5
卫星 6		786	794	6340	41.8	3794	25.0
卫星 7		816	831	6859	45.2	4041	26.6
卫星 8	900 以上	981	1196	5462	36.0	1255	8.3
卫星 9		1190	1211	2784	18.3	524	3.5

筛选条件七：

(1)近地点以下 40km，远地点以上 40km；

(2)轨道面交点地心距 20km。

交会事件筛选情况见表 6.7。

表 6.7　交会事件筛选情况(七)

检测目标	轨道高度/km	近地点/km	远地点/km	第一次筛选后		第二次筛选后	
				数量/个	占比/%	数量/个	占比/%
卫星 1	500 以下	367	377	721	4.8	79	0.5
卫星 2		473	492	1595	10.5	248	1.6
卫星 3	500～900	581	586	2713	17.8	542	3.6
卫星 4		620	662	4078	26.9	966	6.4
卫星 5		684	697	4512	29.7	1127	7.4
卫星 6		786	794	6340	41.8	1801	11.8
卫星 7		816	831	6859	45.2	1722	11.3
卫星 8	900 以上	981	1196	5462	36.0	503	3.3
卫星 9		1190	1211	2784	18.3	234	1.5

筛选条件八:

(1)近地点以下40km,远地点以上40km;

(2)椭圆最小距离20km。

交会事件筛选情况见表6.8。

表6.8　交会事件筛选情况(八)

检测目标	轨道高度/km	近地点/km	远地点/km	第一次筛选后		第二次筛选后	
				数量/个	占比/%	数量/个	占比/%
卫星1	500以下	367	377	721	4.8	80	0.5
卫星2		473	492	1595	10.5	248	1.6
卫星3	500~900	581	586	2713	17.8	542	3.6
卫星4		620	662	4078	26.9	966	6.4
卫星5		684	697	4512	29.7	1129	7.4
卫星6		786	794	6340	41.8	1807	11.9
卫星7		816	831	6859	45.2	1726	11.4
卫星8	900以上	981	1196	5462	36.0	504	3.3
卫星9		1190	1211	2784	18.3	235	1.6

从以上筛选情况分析可知:

(1) 由于不同轨道高度空间目标分布情况不同,因此所有筛选结果占比都是随着航天器轨道高度先增加后减小。对应表1.3的分析可知,这主要是由不同轨道高度空间目标容积率决定的。

(2) 对于500km轨道高度以下的在轨航天器,利用近地点、远地点筛选后的空间目标占比在10%左右;对于500~900km轨道高度的在轨航天器,筛选后的空间目标占比在40%左右;对于900km轨道高度以上的在轨航天器,筛选后的空间目标占比在30%左右。使用近地点和远地点筛选方法对碰撞预警危险交会时刻、空间目标轨道位置预报的精度要求不高,因此它特别适合基于编目轨道精度的长期碰撞预警的初次筛选。

(3) 对于500km轨道高度以下的在轨航天器,利用近地点、远地点结合轨道面交点地心距或者椭圆最小距离筛选后的空间目标占比在5%左右;对于500~900km轨道高度的在轨航天器,结合轨道面交点地心距或者椭圆最小距离筛选后的空间目标占比在30%左右;对于900km轨道高度以上的在轨航天器,再结合轨道面交点地心距或者椭圆最小距离筛选后的空间目标占比在15%左右。轨道面交点地心距或者椭圆最小距离越小,筛选结果占比越小。

(4) 在相同的近地点、远地点筛选条件下,同样的轨道面交点地心距筛选结果数量比椭圆最小距离筛选结果数量少，轨道面交点地心距筛选空间目标有可能漏警，因此椭圆最小距离筛选算法优于轨道面交点地心距筛选算法。

（5）在实际预警计算中，近地点、远地点筛选距离要求大于 20km，椭圆最小距离筛选条件要求大于预警阈值，可以根据实际情况合理调整，确保筛选效率，同时不漏警。

（6）采用近地点、远地点和椭圆最小距离筛选条件可以有效减少需要计算的空间目标数量，缩短预警时间，提高预警效率。

在危险目标筛选阶段，涉及的筛选阈值主要与两个空间目标的轨道形状相关，它们包括近地点、远地点、轨道面交点地心距和椭圆最小距离。这些参数主要由空间目标轨道半长轴 a、椭圆偏心率 e、轨道升交点赤经 Ω 和近地点幅角 ω 组成，与可预测性最差的平近点角 M 基本无关。由 5.2.4 节分析可知，在正常编目定轨预报中，轨道沿迹方向相关参数 M 较难估计，其 7 天预报误差可达数百千米，但对于其他分量，远地点和近地点 7 天预报误差小于 40km，椭圆最小距离 7 天预报误差小于 20km。因此基于编目定轨预报体系，按照表 6.8 设定的筛选阈值，利用近地点、远地点和椭圆最小距离提取未来 7 天有可能存在碰撞风险的交会事件，可使需要关注的危险目标数减少 90% 且无漏警。这为探测资源只对剩下 10% 的有限危险目标进行适当的加密观测和进一步虚警剔除创造了条件。

危险目标筛选阶段遵循两条基本原则：一是在不增加任何探测资源的前提下，利用日常维持的编目体系，筛选出 7 天内可能的碰撞风险及危险目标；二是在确保不出现漏警的前提下，尽最大可能减少筛选出的危险目标数量，使探测网能满足后续加密观测的需求。

6.3.2　日常预警分析阶段

在维持正常编目定轨体系和不增加探测网工作量的前提下，碰撞预警分析工作每天完成未来 7 天有碰撞风险的危险空间目标筛选。虽然已将危险空间目标总数压缩到初始计算量的 1/10，但这些预警结果中，仍然基本都是虚警。用这种编目数据开展碰撞预警，轨道高度在 500 ~ 1000km 之间的一个航天器，未来 7 天平均每天有 2 次或 3 次碰撞预警事件，而这些预警事件基本都是虚警。用这种高虚警率的预警信息指导在轨航天器规避控制，在轨航天器基本无法开展正常应用工作，而且频繁无意义的规避控制所消耗的燃料，将使在轨航天器的有效寿命大大缩短。但概率极小的真正危险的碰撞事件又必定包括在这些大量的预警信息中，必须将其识别出来。

为了在这些高虚警率的预警信息中提取置信度高的信息,调用探测资源对剩下10%的危险目标进行加密观测是必要的。但即使是10%的危险目标,使用全部探测资源不计成本的跟踪测量每一个危险目标,探测网跟踪的工作量仍然是巨大和不可实现的。由表3.1的分析可知,即使是500km轨道高度以下的一个空间目标,如果能维持二升二降的跟踪观测,轨道预报3天其位置精度可达到千米量级,轨道位置径向和法向的预报精度可达到20~30m量级,该精度已将编目轨道维持精度提高了1~2个数量级。从编目精度的危险目标提前碰撞交会时刻7天被识别,到碰撞交会时刻前3天,探测网通常有3天时间调整加密危险目标的观测计划。此时只需在原有每天观测一个升轨或降轨圈次的基础上,再反向补充一个降轨或升轨圈次,这种调整对探测网资源的冲击最小。经过连续2~3天的加密跟踪,再进行后续3天碰撞预警计算时,空间目标轨道预报位置精度可达到千米量级,轨道位置径向和法向的预报精度可达到数十米。在这种精度下,使用合适的距离阈值,可完成较高置信度的碰撞预警分析。

碰撞预警最小距离方法中具体阈值的选取,与探测设备精度、空间目标尺寸、空间目标轨道倾角和轨道高度,以及轨道计算软件自身模型精度和发布时限等因素强相关。在危险目标筛选过程中,由于计算精度和计算效率的综合要求,轨道计算方法尽量采取第5章给出的简易编目轨道计算方法。简易数值编目轨道计算方法、美国两行根数编目轨道计算方法、平均根数编目轨道计算方法以及半数值半分析编目轨道计算方法都可用于危险目标筛选中的轨道计算和碰撞预警计算。但在该阶段及以后阶段的轨道计算中,建议仅使用最精密模型的数值法轨道计算方法。一般情况下,将经过危险目标筛选,危险目标完成两升两降加密观测后,使用精密轨道计算方法预测的距离交会时刻不超过3天的日常碰撞预警通称为黄色预警。

黄色预警在无漏警的前提下,具有较高的置信度,大大减小了虚警事件的发生。一个合适的黄色碰撞预警阈值的确定,应在确保不漏警条件下,将虚警的可能性降到基本不影响在轨航天器的应用寿命和正常工作。结合目前空间目标密度、探测网能力和航天器综合性能,平均每年每个航天器被发出黄色预警是虚警的频率不超过3~5次为佳。

6.3.3 精预警阶段

在黄色危险目标识别和黄色预警事件发出后,对为数不多的黄色危险目标,在未来48h内,探测网将重点调集资源最大限度对其进行跟踪观测,确保在距离危险交会时刻前24h能获得最高精度的轨道。在黄色预警发出后的48h

内，对于危险目标，探测网至少要完成二升二降，最好达到五升五降的精密轨道测量。由表 3.1 可知，基于二升二降观测数据的精密定轨，轨道预报 24h 位置误差基本维持在数百米量级，勉强可开展有一定置信度的预警工作。基于五升五降观测数据的精密定轨，轨道预报 24h 位置误差可控制在百米之内，对米级甚至 10m 级的航天器进行碰撞预警，其置信度可以大幅度提高。这里将通过该阶段工作不能被排除的预警事件称为红色预警。

最大限度获取精密轨道测量数据是提高轨道预报精度的前提和基础。即使是红色预警中涉及的空间目标轨道预报，其轨道动力学特别是大气阻力摄动模型的精度仍然是制约预报精度和红色预警置信度的瓶颈。在 4.5 节中详细讨论了影响大气阻力摄动模型精度的四大因素。在四大因素中，空间目标面值比、大气密度模型误差和 $F_{10.7}$参数 81 天平均值误差作为天量级的系统差可在危险目标提出后的 2～3 天，在日常预警工作阶段中作为解算参数 C_d 与轨道参数一同被初步确定，通过精预警阶段测轨数据可进一步动态修正。同时，太阳 $F_{10.7}$cm 流量和其 24h 变化值对大气密度的影响主要体现在对大气加热过程中大气密度的变化。经研究，其对大气密度的实质性影响将延后 24h 发生。在定轨预报时，只要能准实时获得当天 $F_{10.7}$ 的实测参数，那么其对轨道预报 24h 位置精度的影响基本可以忽略。因此，前三个因素对轨道预报 24h 的影响可减小至最低。对于第四个因素，地磁指数 24h 预报参数对轨道预报 24h 的影响，通过解算 c_d 的办法无法较好的修正。特别是在 24h 内发生重大磁暴时，轨道预报 24h 的位置精度可能降低 1 个数量级。

科学家研究发现，地磁暴发生前的 24～48h 内必有太阳黑子爆发活动。因此，通过太阳观测，可准确的预测未来 24～48h 地磁指数是否可能有大的异常跳变。而这种大的异常跳变，在一年中发生的概率不大于 10%，这意味着，碰撞预警危险交会点前 24h 发出的红色预警，在 90% 情况下，大气阻力摄动模型不准确性引起的轨道位置 24h 预报误差可控制在一定范围内。因此，可根据空间目标不同的轨道高度，明确设置碰撞预警的阈值。在设置碰撞预警阈值时，要特别注意轨道径向和法向的计算精度远高于沿迹方向这一规律。

采用合适的径向阈值，可高效排除大部分黄色预警中的虚警。在这种情况下发出红色预警，置信度较高。对于正常尺寸的空间目标，在红色预警中其碰撞概率值的选择应满足不超过 1 万次危险的红色预警事件中，至少可能隐藏着一次真正的碰撞。但鉴于碰撞发生后的危害非常严重，从万无一失的角度出发，对有轨道控制能力航天器，建议可开展规避控制工作，特别是载人航天器或高价值航天器必须进行规避控制。当通过太阳黑子观测发现未来 24～48h 可能发生地磁暴或轨道计算解算的 c_d 已预示本次红色预警可能处于地磁爆发区间时,此次红色预警的置信度有所减低。此时可结合计算的碰撞预警概率和最大概率,综合判断是否启动规避控制。

红色预警的发布时机距碰撞危险点越近,轨道预报的精度越高,发布的红色预警置信度也越高。但航天器轨道控制准备程序较长,且理论上越早控制所需的燃料越少,规避隔离的效果越明显,所以从规避的角度讲越早开展控制越好。综合考虑大气阻力模型误差的24h可控性和探测网加密观测的可行性,对低轨航天器的红色碰撞预警建议提前一天发布较为合适。

6.3.4 规避控制阶段

从距离危险交会时刻24h起,碰撞预警工作就进入预警规避控制工作阶段,一般情况下提出规避控制时间应早于危险交会时刻6h。首先应基于航天器控后理论轨道,完成航天器规避后未来3天碰撞预警分析计算,进行控后理论轨道安全评估。若存在黄色预警事件,则重新计算控后理论轨道,重复上述过程,直至不出现黄色预警事件。

轨道规避策略的选取既与在轨航天器各方向控制机构的能力和状态相关,又与航天器管理部门的轨控准备决策水平相关,大部分情况下还需兼顾航天器的后续任务,因此,轨道规避策略的选择通常是一个复杂的过程。6.2节给出的高度隔离法与时间隔离法只是两种不同的较典型算法。不管采用何种算法,都需预先对规避控制的理论目标轨道进行再预警复核,确保规避后的轨道在一定时间内不出现新的碰撞风险。

结束语

保证太空中航天活动的安全,是和平利用和开发太空的基础。航天器飞行碰撞预警是保证太空安全工作的重要一环。鉴于目前的工程和技术基础,碰撞预警的置信度还有待进一步提高。在工程上,探测网开展空间目标跟踪测量的能力和测量数据覆盖的完整性都限制了空间目标轨道确定的精度,特别是对厘米级的空间目标几乎不具备精密轨道确定的条件。在没有精密测量能力的条件下,仅依据编目精度的空间目标轨道开展无色碰撞预警工作,置信度极低,其计算的碰撞预警概率不可能高于 10^{-4}。用这样的预警结果指导航天器规避是极不严肃的行为。此外,在技术基础上,轨道动力学模型特别是低轨大气模型预测精度严重降低了精密轨道24h 以外的预报精度,使碰撞预警的置信度很难有大的提高。因此,在目前的综合水平下,可以用于指导规避的高置信度碰撞预警,只能依靠具备全天时、全天候且经度跨越分布合理的探测网开展空间目标精密定轨,且碰撞规避预警最佳有效时限以不超过24h 为宜。

这种高实时、高精度和对合理布置探测网的高度依赖,使绝大部分国家无法独立开展有效的碰撞预警工作。即使对于有相当能力的极少数航天大国,也有诸多待完善和进一步强化投入的迫切需求。因为面对数十万个厘米量级以上的空间碎片,要确保发现并精密确定和预报其轨道,即使联合应用全球所有探测资源都显得非常不足。因此,各航天大国在碎片减缓方面应做出积极的行动,在碎片监测上应积极开发新技术并增加投入,在全球探测资源联合应用和成果共享上应积极联合探索,共同为人类和平应用开发空间奠定良好的基础。

参考文献

[1] 李济生．人造卫星精密轨道确定．北京:解放军出版社,1995.

[2] 李济生．航天器轨道确定．北京:国防工业出版社,2003.

[3] 刘林．航天动力学引论．南京:南京大学出版社,2006.

[4] 刘林．航天器轨道理论．北京:国防工业出版社,2000.

[5] 刘林．空间目标轨道理论．北京:国防工业出版社,2000.

[6] 许其凤．GPS 卫星导航与精密定位．北京:解放军出版社,2000.

[7] 许其凤．空间大地测量．北京:解放军出版社,2014.

[8] 魏子卿．GPS 相对定位的数学模型．北京:测绘出版社,1998.

[9] 吴连大．人造卫星与空间碎片的轨道和探测．北京:中国科学技术出版社,2012.

[10] 朱华统．常用大地坐标系及其变换．解放军出版社,1990.

[11] 黄珹,刘林．参考坐标系及航天应用．北京:电子工业出版社,2015.

[12] 袁建平．卫星导航原理与应用．北京:中国宇航出版社,2003.

[13] 张荣之,等．MSIS－90 大气模型及在低轨道计算中的应用．中国天文学会轨道力学年会文集,1996.

[14] 张荣之,等．GPS 及在航天测控工程中的应用．中国天文学会轨道力学年会文集,1996.

[15] 张荣之,等．西安卫星测控中心轨道确定精度技术的发展和展望．北京航天测控高级研讨会,2000.

[16] 张荣之,等．The Orbit Characteristics of Two DSP Satellites. 罗马国际空间操作大会,2006.

[17] 张荣之,等．Determination of Single GPS－Antenna－Attitude of Champ. 美国 ION GPS,2002.

[18] 张荣之,等．Single GPS Position. 加拿大 ION GPS,1990.

[19] 都亨,等．空间碎片．北京:中国宇航出版社,2007.

[20] 赵树强,等．箭载 GNSS 测量数据处理．北京;国防工业出版社,2015.

[21] 李征航,等．GPS 测量与数据处理．武汉;武汉大学出版社,2010.

[22] 李征航,等．空间大地测量学．武汉;武汉大学出版社,2009.

[23] 熊福文．上海天文台新 SLR 站精密定位和归心测量．天文学进展,2007,25(2).

[24] 杨福民．上海天文台第三代卫星激光测距系统．中国科学(A 辑),1990,20(8);844－850.

[25] 范建兴．激光测距卫星的质心改正模型．光子学报,2000,29(11).

[26] 刘利生,等．外弹道测量数据处理．北京:国防工业出版社,2002.

[27] 秦显平,焦文海．利用 SLR 资料检核 CHAMP 卫星轨道．武汉大学学报,2005,30(1).

[28] Mark L P. Autonomous orbit determination for two space spacecrafts from relative Position measurements. Journal of Guidance, Control and Dynamics, 1999, 22(2):305－312.

[29] Schutz LE, Tapley BD, Abusali PAM, et al. Dynamic orbit determination using GPS measurements from

TOPEXIPOSEIDON, Geophysical Research Letters, 1994, 21(19): 2179 – 2182.

[30] Svehla D, Rothacher M. Kinematic and reduced – dynamic precise orbit determination of low earth orbiters. Advances in Geoscience, 2002.

[31] Bock H. Efficient methods for determining precise orbits of low earth orbiters using the global positioning system PHD thesis. Astronomical Institute University of Berne, Schwitzerland, 2003.

[32] Kwon J H, Brzezinska D G, Hong C K. Kinematic orbit determination of low earth orbiters using triple differences. Proceedings of The Institute of Navigation National Technical Meeting, 28 – 30 January, San Diego, California, U. S. A., 2002: 762 – 770.

[33] Szebehely V. Theory of Orbits (chapter 5). London: Academic Press, 1967.

[34] DegnanJ. Satellite Laser Ranging: Current Status and Future Prospects, 1985, GE – 23(4).

[35] Rutkowska M, The accuracy of orbit estimation for the low – orbit satellites LARETS and WESTPAC. Advances in Space Research, 2005(36): 498 – 503.

[36] Urschl C, Gurtner W. Validation of GNSS orbits using SLR observations. Advances in Space Reasearch, 2005(36): 412 – 417.

[37] Kolenkiewicz R, Smith DE. Advances in SLR orbit Determination. Adv. Space Res, 1997, 19(11): 1661 – 1665.

[38] Lejba P, Schillak S. Determination of orbits and SLR stations' coordinates on the basis of laser observations of the satellites Starlette and Stella. Advances in Space Research, 2007(40): 143 – 149.

[39] Schreiber U, Schneider M. Is There A Next Generation SLR – Technology? . Adv. Space Res. 2002, 30(2): 157 – 161.

[40] Andersen P H, Aksnes K. Precise ERS – 2 orbit determination using SLR, PRARE, and RA observations. Journal of Geodesy, 1998(72): 421 – 429.

[41] Wnuk E, Schillak S. Stability of Coordinates of the Borowiec SLR Station(7811) on the Basis of Satellite Laser Ranging. Adv. Space Res., 2002, 30(2): 413 – 418.

[42] ILRS, SLR/LLR Data Anomalies, http://ilrs.gsfc.nasa.gov/slr_problems_text.html, 2000.

[43] IERS, Bulletin B IERS, http://ilrs.obspm.fr/iers/bul/bulb/, 2000.

[44] NASA, Eccentricity Information for SLR Occupations, ftp://cddisa.gsfc.nasa.gov/pub/slrrocc/slrecc.txt, 2000.

[45] Degnan J J, Pearlman M R. The International Laser Ranging Service, http://ilrs.gsfc.nasa.gov.

[46] 李少敏,牛威,马鑫,等. 空间目标探测技术研究. 国防科技,2009,30(3):6 – 13.

[47] 李振伟. 空间目标光电观测技术研究. 中国科学院研究生院(长春光学精密机械与物理研究所),2014.

[48] 刘美莹. CCD 天文观测图像的星图识别和天文定位方法研究. 中国科学院研究生院(西安光学精密机械研究所),2010.

[49] 谌钊,罗成,华卫红. 基于 CCD 星图的空间目标精确光学定位方法研究. 天文研究与技术,2010(3):231 – 237.

[50] 赵金宇. 光电望远镜误差分析及补偿技术. 中国科学院研究生院(长春光学精密机械与物理研究所),2005.

[51] 周晓尧. 光电探测系统目标定位误差分析与修正问题研究. 国防科学技术大学研究生院,2011.

[52] 耿延洛，王合龙．机载光电探测跟踪系统总体精度分析方法研究．电光与控制，2004，11(2)：18－20.

[53] 中国科学院紫金山天文台．空间目标实时天文定位方法，CN1710377. 2005－12－21.

[54] 张晓祥，吴连大．望远镜静态指向模型的基本参数．天文学报，2001(2)：198－205.

[55] 韩雪冰，张景旭，赵金宇，等．水平式光电望远镜目标定位误差的预测．光学精密工程，2010(7)：1595－1604.

[56] 平一鼎，张晓祥，鲁春林．65cm 水平式望远镜静态指向模型．天文学报，2006，47(2)：224－230.

[57] 郑向明．地平式天文望远镜高精度指向模型的研究与建立．中国科学院研究生院，2010.

[58] Skolnik M I. Introduction to Radar System. New York：McGrew－Hill Book CO.，1980.

[59] Skolnik M I. Radar Handbook. New York：McGraw－Hill CO. Inc. 1990.

[60] Barton D K，Leonov S A. Radar Technology Encyclopedia. Boston London：Artech House，Inc. 1997.

[61] Barton D K. Modern Radar System Analysis. Norwood，Mass：Artech House，1988.

[62] Barton D K. Radar System Analysis. Norwood，Mass：Artech House，1977.

[63] 王小谟，张光义，等．雷达与探测．北京：国防工业出版社，2001.

[64] 张光义，王德纯，等．空间探测相控阵雷达．北京：科学出版社，2002.

[65] Rihaczek A W，Hershkowitz S J. Theory and Practice of Radar Target Indentification. Artech House，2000.

[66] 王德纯．雷达搜索方式最佳化．现代雷达，1979，1(3).

[67] Peebles P Z. Radar principles. New York：John Wiley &sons，1998.

[68] 王德纯．机载脉冲多普勒雷达的单脉冲角跟踪分析．现代雷达，1984，6(4，5).

[69] 楼宇希．雷达精度分析．北京：国防工业出版社，1979.

[70] Sullivan R J. 成像与先进雷达技术基础．微波成像技术国家重点实验室，译．北京：电子工业出版社，2009.

[71] 王德纯，丁家会，程望东．精密跟踪测量雷达技术．北京：电子工业出版社，2006.

[72] Vallado D A，Finkleman D. A critical assessment of satellite drag and atmospheric density modeling. American Institute of Aerinautics and Astronautics，2008.

[73] Arudra A K. Atmospheric density estimation using satellite precision orbit ephemerides. University of Kansas，2011，1－93.

[74] American Institute of Aerinautics and Astronautics. American National Standard：Guide to Reference and Standard Atmosphere Models. 2009，ANSI/AIAA G－003C－2009.

[75] 秦国泰，邱时彦，等．"神舟3号"运行高度上大气密度的变化．空间科学学报，2004，24(4)：269－274.

[76] 秦国泰，邱时彦，等．"神舟二号"大气密度探测器的探测结果Ⅱ．在太阳和地磁扰动期间高层大气密度的变化．空间科学学报，2003，23(2)：135－141.

[77] Miao Juan，Liu Siqing，Li Zhitao，et al. Atmospheric density calibration using the real－time satellite observation. Chin. J. Space Sci.，2011，31(4)：459－466.

[78] Weng Libin，Fang Hanxian，Ji Chunhua，et al. Comparison between the CHAMP/STAR derived thermospheric densityand the NRLMSISE－00 model. Chin. J. Space Sci. 2012，32(5)：713－719.

[79] 陈光明，符养，薛震刚，等．利用星载加速度计反演高层大气密度的方法．解放军理工大学学报，2010，11(3)：371－376.

[80] Bowman BR，et al. A method for computing accurate daily atmospheric density values from satellite drag da-

ta. AAS 2004 – 179, AAS/AIAA Spaceflight Mechanics Meeting, Maui, HI, 2004.

[81] Picone J M, Emmert J T, a Lean J L. Thermospheric densities derived from spacecraft orbits: Accurate processing of two – line element sets. J. Geophys. Res. , 2005, 110, A03301, doi: 10. 1029/2004JA010585.

[82] Lean J L, Picone J M, Emmert J T, et al. Thermospheric densities derived from spacecraft orbits: Application to the Starshine satellites. J. Geophys. Res. , 2006, 111, A04301, doi: 10. 1029/2005JA011399.

[83] Bowman, Tobiska, et al. A new empirical thermospheric density model JB2008 using new solar and geomagnetic indices. AIAA 2008 – 6438, AIAA/AAS Astrodynamics Specialist Conference, Honolulu, HAwaii, 2008.

[84] 刘舒莳,龚建村,等. MSIS90 大气密度模型在定轨中的参数输入方式探讨. 载人航天,2012,18(6):1 – 6.

[85] Bowman B R, Tobiska WK, Kendra M J. The thermospheric semiannual density response to solar EUV heating. Journal of Atmospheric and Solar – Terrestrial Physics, 2008.

[86] Bowman B R, Tobiska, et al. A new empirical thermospheric density model JB2006 using new solar indices. AIAA 2006 – 6166, AIAA/AAS Astrodynamics Specialist Conference, Keystone, CO, 2006.

[87] Hedin A E. MSIS – 86 thermospheric model. Journal Geophys. Res. , 1987, 92: 4649.

[88] Marcos F A, Wise J O, et al. Accuracy of earth ' s thermospheric neutral density models. AIAA 2006 – 6167, AIAA/AAS Astrodynamics Specialist Conference, Keystone, CO. , 2006.

[89] Picone J M, Hedin A E, et al. NRLMSISE – 00 empirical model of the atmosphere: sattistical comparisons and scientific issues. J. Geophys. Res. , 2002, 107(A12), 1468.

[90] Bruinsma S, et al. The DTM – 2000 empirical thermosphere model with new data assimilation and constraints at lower boundary: accuracy and properties. Journal of Atmospheric and Solar – Terrestrial Physics, 2003, 65: 1053.

[91] 张荣之,李济生,秦鹏高,等. 地磁指数对低轨道卫星轨道周期变率及定轨精度的影响. 国防科工委首届飞行力学及中国天文学会轨道力学联合学术交流会论文集,1996.

[92] 秋宏兴,吴连大,张伟,等. 大气密度模型用于近地卫星定轨预报的比较. 飞行器测控学报,2006,25(4):12 – 25.

[93] 秦国泰,孙丽琳,李宏. 在强地磁活动期间热层大气成分和密度的变化. 空间科学学报,1999,19(2):141 – 147.

[94] 程昊文. 航天器轨道理论在空间目标编目管理中的应用. 南京大学,2012.

[95] 刘林. 航天器定轨理论与应用. 北京:电子工业出版社,2015.

[96] 韦栋. SGP4/SDP4 模型精度分析. 天文学报,2009(3):332 – 339.

[97] 柳仲贵. 卫星轨道误差的相关性. 飞行器测控学报,2011(5):45 – 49.

[98] 白显宗. 空间目标轨道预报误差与碰撞概率问题研究. 国防科技大学研究生院,2013.

[99] 陈磊,韩蕾,白显宗,等. 空间目标轨道力学与误差分析. 北京:国防工业出版社,2010.

[100] 白显宗,陈磊. 空间目标碰撞概率计算方法研究. 宇航学报,2008(4).

[101] Chan F K. Spacecraft Collision Probability . The Aerospace Press, 2008.

[102] 中华人民共和国国务院新闻办公室. 中国北斗卫星导航系统. 北京:人民出版社,2016.

[103] 焦文海,等. 国际 GNSS 监测评估系统(IGMAS)新进展. 第二届 CCGG 会议,2016.

[104] 约瑟夫·N·佩尔顿. 空间碎片与其他外太空威胁. 杨开忠,译. 北京:国防工业出版社,2016.

[105] 李明,等. 空间碎片监测移除前沿技术与系统发展. 香山科学会议第 573 次讨论会议,2016.

[106] Event K T. Jet Propulsion Lab. http://www2. jpl. nasa. gov/sl9/back3. html.

[107] Launch of Sputnik on Oct 4,1987. www. history. nasa. gov/sputnik/.

[108] Logsdon,John. 2010. John F. Kennedy and the race to the moon. New York:Palgrave – MacMillan.

[109] Goddard Robert. The moon man. http://www. legacy. com/ns/news – story. aspx? t = robertgoddard – the – moon – man&id =279.

[110] Space. com Staff Report. 2012. New debris – tracking 'space fence' passes key test. Space. com. http://www. space. com/14867 – space – fence – orbital – debris. html. Accessed 12 March 2012.

[111] Moskowitz, Clara. 2011. Space junk problem is more threatening than ever, Report Warns. Space News. http://www. space. com/12801 – space – junk – threat – orbital – debris – report. html. Accessed 1 Sep 2011.

[112] The Looming Space Junk Crisis:It's Time to Take Out the Trash Wired Magazine. www. wired. com/magazine/2010/05/ff_space_junk/all/1. Accessed 24 May 2010.

[113] Op cit,Clara Moskowitz,"Space Junk.... "

[114] Liou,J – C. ,and N. L. Johnson. 2006. Risk in space from orbital debris. Science 311:340 – 341.

[115] NASA site on Near Earth Objects. http://neo. jpl. nasa. gov.

[116] Solar Cycle Progression and Prediction. NOAA. http://www. swpc. noaa. gov/SolarCycle/

[117] New Debris – Tracing 'Space – Fence' Passes Key Test. http://www. space. com/14867 – spacefence – orbital – debris. html. Accessed 12 March 2012.

[118] Space Fence Mark II:Prototype S – Band Radar Track Space Debris. http://www. gizmag. com/space – fence – radar – detects – debris/21779/.

[119] Pelton,Joseph N. 2012. A fund for global debris removal. As presented at the International Association for the Advancement of Space Safety (IAASS) Conference in Versailles,France,Nov 2011 and International Space University Symposium on Space Debris,March 2012.

[120] Tomasso Sgobba. IAASS Study on Space Debris Remediation:An Operational and Regulatory Framework for Assured Debris Removal. Nov 2011.

[121] The Inter – Agency Space Debris Coordinating Committee.
http://www. iadc – online. org/index. cgi.

[122] IADC Space Debris Mitigation Guidelines.
http://www. iadc – online. org/index. cgi? item = docs_pub.

[123] Space Data Association. http://www. space – data. org/sda/about/members/.

[124] Pearson,Jerome,Eugene,Levin,and Joseph Carroll. 2011. Commercial space debris removal. Space Safety Magazine (1):21 – 22.

[125] Proceedings of the International Interdisciplinary Congress on Space Debris, May 7 – 9,2009 http://www. mcgill. ca/channels/events/item/? item_id = 104375 also see David Kushner. 2010. The future of space: orbital cleanup of cluttered space. Popular science Aug 2010, 60 – 64 and see: Joseph N. Pelton. 2012. The problem of space debris. The Fundamentals of Satellite Communications. 29 – 33. New York:Springer Press.

[126] Russia to Spend $2 Billion For Space Clean Up. Space Daily. 2010. http://www. spacedaily. com/reports/Russia. Accessed 10 Nov 2010.

[127] Bombardelli, Claudio et al. Dynamics of ion – beam propelled space debris. http://web. fmetsia. upm. es/ep2/docs/publicaciones/ahed11a. pdf.

[128] A Super Solar Flare. NASA science news. http://science. nasa. gov/science – news/science – at – nasa/2008/06may_carringtonflare/.

[129] Hadhazy, Adam. 2009. A scary 13th: 20 years ago earth was blasted with a massive plume of solar plasma. Scientific America. http://www. scientificamerican. com/.

[130] article. cfm? id = geomagnetic – storm – march – 13 – 1989 – extreme – space – weather. Accessed 13 March 2009.

[131] Fox, Nicky. 2011. Coronal mass ejection. Goddard Space Flight Center, NASA. http://wwwistp. gsfc. nasa. gov/istp/nicky/cme – chase. html. Accessed 6 April 2011.

[132] NASA – SOHO. www. nasa. gov/mission_pages/soho/.

[133] NASA Stereo Satellite to Study Solar CMEs in Three Dimensions. http://www. nasa. gov/mission_pages/stereo/.

[134] The Solar Backscatter Ultra – Violet Sensor on NOAA Satellites (SBUV/2). http://www. ballaerospace. com/page. jsp? page = 93.

[135] The Earth's Magnetosphere Shield. http://science. nasa. gov/science – news/science – at – nasa/2003/03dec_magneticcracks/.

[136] Adams, Mike. 2011. Earth's magnetic pole shift unleashing poisonous space clouds lined to mysterious bird deaths. Natural News. http://www. naturalnews. com/030996_bird_deaths_pole_shift. html. Accessed 13 Jan 2011.

[137] Stewart, Iain, and John, Lynch. 2007. Earth: The biography, 57 – 63, Washington, D. C.: National Geographic Society.

[138] Morrison, D., C. R. Chapman, D. Steel, and R. P. Binzel. 2004. Impacts and the public: Communicating the nature of the impact hazard. In Mitigation of hazardous comets and asteroids, ed. M. J. S. Belton, T. H. Morgan, N. H. Samarasinha and D. K. Yeomans. Cambridge: Cambridge University Press, 2004. This version reflects a revision of the Torino Scale. Also see. http://neo. jpl. nasa. gov/images/torino_scale. jpg for more details.

[139] Pelton, Joseph N. 2012. Taking potentially hazardous asteroids (PHAs) seriously—making the public aware. Space Safety Magazine, Fall 2012.

[140] Firth, Naill. 2010. Massive asteroid could hit earth in 2182. Warn Scientists. http://www. dailymail. co. uk/sciencetech/article – 1298285/Massive – asteroid – hit – Earth – 2182 – warn – scientists. html. Accessed 28 July 2010.

[141] U. N. Committee on the Peaceful Uses of Outer Space. Draft Report of the Working Group on the Long Term Sustainability of Space. http://www. oosa. unvienna. org/oosa/COPUOS/ac105l. html.